植物病理生理学实验
教学案例设计

向妙莲 ◎ 编著

兰州大学出版社
LANZHOU UNIVERSITY PRESS

图书在版编目（ＣＩＰ）数据

植物病理生理学实验教学案例设计 / 向妙莲编著
. -- 兰州：兰州大学出版社，2021.12
ISBN 978-7-311-06161-6

Ⅰ．①植… Ⅱ．①向… Ⅲ．①植物病理学－实验－教
案(教育)－高等学校②植物生理学－实验－教案(教育)－
高等学校 Ⅳ．①S432.1-33②Q945-33

中国版本图书馆CIP数据核字(2021)第273119号

责任编辑　张　萍
封面设计　李广涵

书　　名　植物病理生理学实验教学案例设计
作　　者　向妙莲　编著
出版发行　兰州大学出版社　（地址:兰州市天水南路222号　730000）
电　　话　0931-8912613(总编办公室)　　0931-8617156(营销中心)
　　　　　 0931-8914298(读者服务部)
网　　址　http://press.lzu.edu.cn
电子信箱　press@lzu.edu.cn
印　　刷　甘肃发展印刷公司
开　　本　710 mm×1020 mm　1/16
印　　张　13.5
字　　数　257千
版　　次　2021年12月第1版
印　　次　2021年12月第1次印刷
书　　号　ISBN 978-7-311-06161-6
定　　价　32.00元

(图书若有破损、缺页、掉页可随时与本社联系)

前　言

　　植物病理生理学是一门研究寄主植物与病原物在个体水平相互作用过程中的生理生化问题的学科。该学科集微生物学、植物生理学和生物化学于一体，多学科高度交叉融合。因此，当前传统的验证性实验教学内容已不能满足学生的学习需求。为了适应新农科建设的需求，解决实验课堂教学中存在的"痛点"问题，培养和提升学生的学习能力、综合素养和专业归属感，如何创新实验教学内容、打造高效实验课堂，便成了研究者亟待解决的问题。

　　本书是作者结合长期教学和科研工作中积累的经验，借鉴植物生理学和植物病理学研究中同类实验的优点，参考近年来国内外相关专业实验新技术和新方法，在传统植物病理学实验技术的基础上，依托地方高等农业院校丰富的科研成果，并将其转化为宝贵的综合性创新实验，用科研反哺教学，使科研与教学紧密结合，凸显实验教学的"两性一度"，即更具高阶性、创新性和挑战度。旨在提高学生的探索精神，锻炼学生的创新思维，以及运用理论知识和实验技能解决具体问题的能力，从而适应新农科背景下人才培养的需要，培养出具有扎实的植物保护知识，并能够服务乡村振兴的高素质专业人才。

　　本书在实验内容的编写上进行了新的尝试，主要围绕寄主植物与病原物的互作，从生理生化到分子机理等不同层面系统阐述了病原物致病与寄主植物抗病的过程，从而启迪实验者进行探索性创新研究。本书共分为两部分：上编为植物病理学基本实验技术（共10个实验），下编为综合性创新实验教学案例设计（共12个试验），共计64学时。在教学案例部分，增加了案例背景知识介绍，改变了传统教学中枯燥乏味的学习氛围，激发学生的学习兴趣。书后附有《植物病原菌及病害标本采集保存规范》《柑桔溃疡病菌的检疫检测与鉴定》《柑桔黄龙病菌实时荧光 PCR 检测方法》和《松材线虫分子检测鉴定技术规程》等技术标准和规程，为广大师生和科技工作者提供参考。

　　本书可作为农科植物生产类专业本科生的实验教材，也可作为相关专业教师和研究生的参考用书，还可供相关科学技术人员、基层农业工作者参考使用。

　　由于编者水平有限，编写时间比较仓促，书中难免存在不足和疏漏之处，敬请各位专家、同行和读者批评指正。

编者

2021 年 10 月

目　录

附　录

上 编
植物病理学基本实验技术

实验一 常用培养基的配制方法

1 实验目的

通过本次实验，学习植物病理实验常用培养基的配制方法和灭菌技术。

2 实验材料

马铃薯、蔗糖、葡萄糖、琼脂、牛肉浸膏、蛋白胨、酵母浸膏、蒸馏水等。

3 实验仪器

高压灭菌锅、天平、电磁炉、酸度计、取液器等。

4 实验步骤

4.1 培养基的配制

培养基从物理性质上又分为液体培养基和固体培养基两类，培养基的种类不同，配制方法也有差异。限于时间，本次实验以配制马铃薯蔗糖琼脂培养基和牛肉膏蛋白胨培养基为例。

4.1.1 马铃薯蔗糖琼脂培养基（PSA）

马铃薯蔗糖琼脂培养基（Potato Sucrose Agarmedium，PSA）是植物病理实验最常用的培养基，主要用于植物病原真菌的分离和培养，有时也用于植物病原细菌的培养。

成分：马铃薯（200 g）、蔗糖（10 g）、琼脂（20 g）、蒸馏水1000 mL。

方法：将马铃薯洗净，去皮切块，加水煮沸0.5 h，用双层纱布滤去薯块，补足水量，加入琼脂，加热熔化，再加糖，待糖完全化后，用双层纱布过滤分装，高压灭菌。

马铃薯蔗糖琼脂培养基略带酸性，培养真菌无需调节pH，培养细菌则调节pH至中性。马铃薯葡萄糖琼脂培养基（PDA）即把蔗糖换成葡萄糖，其他方法同PSA配制。

4.1.2 牛肉膏蛋白胨培养基（NA）

牛肉膏蛋白胨培养基主要用于细菌的分离和培养。

成分：牛肉浸膏（3 g）、蛋白胨（10 g）、蔗糖（10 g）、酵母浸膏（1 g）、琼脂（20 g）、蒸馏水（1000 mL）。

方法：先将琼脂加热熔化于大部分水中，再将其他各成分用少量水化开加入，调节 pH 至 7，趁热用双层纱布过滤，分装，高压灭菌。

4.1.3 调节培养基 pH 值

用预先配制的 1 mol/L HCl 和 NaOH，采用酸度计调节培养基 pH 至中性，步骤如下：

（1）取下复合电极套，用蒸馏水清洗电极，并用滤纸吸干；

（2）按下电源开关，预热 30 min；

（3）拔下电路插头，接上复合电极，把选择开关旋钮调到 pH 档，调节温度补偿旋钮，使白线对准溶液温度值，斜率调节旋钮顺时针旋到底，把清洗过的电极插入 pH 缓冲液中，调节定位调节旋钮，使仪器读数与该缓冲溶液当时温度下的 pH 值相一致；

（4）先用蒸馏水清洗电极，再用被测溶液清洗一次，用玻璃棒搅拌溶液，使溶液均匀，把电极浸入被测溶液中，读出其 pH 值；

（5）用蒸馏水清洗电极，并用滤纸吸干，套上复合电极套，套内应放少量补充液，拔下复合电极，接上短接线，以防灰尘进入而影响测量准确性，关机。

4.2 培养基的灭菌

4.2.1 干热灭菌法

（1）将培养皿、吸管等玻璃器皿洗净干燥后，装入特制的铁筒中（每个吸管用纸包好后装入铁筒），包纸时应将吸管吸取的一端放在取时先打开的一端，以便取用时手不触及要求灭菌的一端。

（2）将包装好的玻璃器皿摆入电热烘箱中，玻璃器皿间留有一定的空隙，以便空气流通。

（3）关紧箱门，打开排气孔，接上电源。

（4）待箱内空气排出到一定程度时，闭上排气孔，继续加热至一定温度后，固定温度，灭菌温度一般为165～175 ℃保持 1 h 即可。

（5）待自然降温冷却后（60 ℃以下）才能打开箱门取出玻璃器皿，避免温度突然下降而引起玻璃器皿碎裂。

4.2.2 高压蒸汽灭菌法

高压蒸汽灭菌法又称湿热灭菌法，是利用高压来提高蒸汽的温度，从而达到灭菌的目的。一般采用数显全自动压力蒸汽灭菌器灭菌，其操作步骤如下：

（1）灭菌器使用前将内部清洗干净，检查进气阀及排气阀是否灵活有效，并加入适量水；

（2）将待灭菌的物品放入灭菌器内，注意不要放得太挤，以免影响蒸汽的流通和灭菌效果；

（3）设定温度和时间：121 ℃，15～30 min。

5　实验讨论

（1）培养基主要有哪些种类？各有何特点和用途？

（2）干热灭菌和高压蒸汽灭菌有哪些注意事项？

（3）培养基灭菌后如何检查灭菌是否彻底？

实验二　植物病原物的分离培养

1　实验目的

掌握植物病原菌物、细菌、病毒和线虫分离培养的一般方法。

2　实验材料

新鲜的菌物和细菌病害材料（柑橘炭疽病、猕猴桃软腐病、大叶黄杨褐斑病、柑橘溃疡病和水稻细菌性条斑病等）；辣椒青枯菌/辣椒、水稻细菌性条斑病/水稻幼苗、烟草花叶病/烟草；喷雾器、纱布、酒精灯、酒精缸、打火机、接种针、镊子、玻棒、小木块、解剖刀、刀片、载玻片、蒸馏水、漏斗、毛笔、针、剪刀、三角瓶、试管、记号笔、标签、金刚砂；75％乙醇、0.1％升汞、灭菌培养皿、灭菌水、灭菌培养基（PDA和NA）。

3　实验仪器

光照培养箱、超净工作台、显微镜等。

4　实验步骤

4.1　病原真菌的分离和培养（参考附录1）

4.1.1　组织分离法

（1）培养皿准备：取灭菌培养皿一个，置于湿纱布上，在皿盖上注明分离日期、材料和分离者姓名。

（2）培养皿平板制备：用无菌操作法向培养皿中加入25％乳酸1～2滴，以减少细菌污染，然后将熔化而冷却至45℃左右的一管马铃薯蔗糖琼脂培养基倒入培养皿中，轻轻摇动使其成平面。

（3）切取病组织小块（叶斑病类）：取新鲜病叶，选择典型的单个病斑，用剪刀或解剖刀从病斑边缘切取小块（长3～5 mm）病组织数块。

（4）表面消毒：将病组织小块放入75％乙醇中浸数秒后，按无菌操作法将病组织移入0.1％升汞液中消毒1～3 min，然后放入灭菌水中连续漂洗3次。

（5）用无菌操作法将病组织小块移至培养基平面上，每培养皿内可放4～5块。

（6）翻转培养皿，放入26～28℃恒温箱内培养，逐日观察结果。

（7）用无菌操作法自培养皿中选择菌落，挑取少许菌丝及孢子，在显微镜下观察。如柑橘炭疽病分生孢子，即可用接种针自菌落边缘挑取小块菌落移入斜面培养基，在26～28℃恒温箱内培养，3～4 d后，观察菌落生长情况，如无杂菌生长，即得柑橘炭疽病病菌纯菌种，可将其置于冰箱中保存。如有杂菌生长，需再次分离获纯培养后，方可移入斜面培养基保存。

4.1.2　稀释分离法

以柑橘青霉病病果为材料，按照下列步骤分离：

（1）取灭菌培养皿3个，平放在湿纱布上，分别编号1、2、3，并注明日期、分离材料及分离者姓名。

（2）用取液器吸取灭菌水，在每一培养皿中分别注入1.0 mL灭菌水。

（3）用灭菌接种针从柑橘青霉病病果上刮取病菌孢子，放入培养皿内的水滴中，配成孢子悬浮液。

（4）用取液器吸取少量孢子悬浮液，与第一个培养皿中的灭菌水混合，再从第一个培养皿移0.1 mL孢子悬浮液到第二个培养皿中，混合后再移0.1 mL孢子悬浮液到第三个培养皿中。

（5）将三管熔化并冷却到45℃左右的培养基分别倒在三个培养皿中，摇动培养皿使培养基与稀释的菌液充分混匀后，平置冷却凝固。

（6）将培养皿翻转后放入恒温箱（26～28℃）中培养，3～4 d后观察菌落生长情况。

（7）获纯培养后，从菌落边缘挑取菌丝块移入斜面培养基培养3～4 d后，放入冰箱保存。

要获得纯净培养菌种，一般需经3次稀释分离（重复3次），当培养物高度一致时才能作为纯培养的菌种保存。

4.1.3　真菌的培养

植物病原真菌多为好气性真菌，在有丰富营养的培养基上能很好地生长，但它们对温度的要求差异较大，绝大多数的真菌可以在20～30℃间正常生长，但少数要在15～20℃间才能正常生长，少数真菌孢子必须在5℃左右的低温下才能萌发。

4.2 病原细菌的分离与培养（参考附录2）

4.2.1 稀释分离法

稀释分离法是最经典的标准分离法，方法与真菌孢子稀释分离法基本相同，但要将病组织放在灭菌水中用灭菌玻棒研碎并让组织碎块在水中浸泡30 min左右（在灭菌培养皿中研碎并浸泡），让细菌充分释放到灭菌水中成为细菌悬浮液再进行稀释分离。

4.2.2 划线分离法

（1）预先把NA培养基倒在培养皿中凝成平板，翻转后放在30 ℃恒温箱中4～6 h，使表面没有水滴凝结。

（2）配制细菌悬浮液。

（3）用灭菌的接种饵蘸取细菌悬浮液在干燥的培养基平板表面划线。划过第一次线后的接种环应放在火焰上烧，接种环冷却后在第一次划线的末端向另一方向再划线，灭菌后再划第三、第四次线。在培养皿盖上写上分离材料名称、日期和分离者姓名。

（4）翻转培养皿后，放在26～28 ℃恒温箱中培养，2～3 d后观察有无细菌生长，以及哪些地方有单菌落生长。

（5）仔细挑取细菌的单菌落移至试管斜面，同时再用灭菌水把单菌落细菌稀释成悬浮液做第二次划线分离。如两次划线分离所得菌落形态特征都一致，并与典型菌落特征相符，即表明已获得纯培养菌落。最好经过连续3次单菌落分离，以确保纯化。

4.2.3 细菌的培养

病原细菌的培养条件因种类不同而略异。棒形杆菌属细菌的生长适温较低（20～23 ℃）；假单胞杆菌中的青枯菌类则要求在较高的温度（35 ℃）下才能良好发育；软腐型欧文氏杆菌在厌氧条件下比好气条件下生长得更快，致病力更强。

4.3 植物病毒分离和纯化

植物病毒的分离和纯化比较特殊，由于病毒是专性寄生物，因此不能离开活的寄主。操作时虽然不需无菌操作，但仍必须实行严格的隔离以防止污染和混杂。以有花叶病症状的烟草病叶为材料，进行病毒的"单斑分离"与纯化，步骤如下：

（1）首先用肥皂水洗净双手，去除指甲内污物。

（2）采摘半片病叶放在消过毒的研钵中，加磷酸缓冲液（0.01 mol/L PBS，pH7.2）1 mL（5～6滴），研碎。

（3）在供接种用的心叶烟幼苗和苋色藜幼苗健苗顶部平展叶片上，撒少许金刚砂（600目/英寸²），然后蘸取病汁液轻轻涂抹叶片（摩擦接种），写好标签牌，插在盆钵中。

（4）3 min后用自来水将接种叶冲洗干净，放在温室中培养。

（5）2～3 d后在接种叶上即出现坏死性枯斑，初为褪绿，后为黄白色。

（6）剪下单个枯斑，再按上述方法接种健康的心叶烟幼苗和苋色藜幼苗，使它再次出现形状、大小、色泽均一致的枯斑，即为已经分离纯化的病毒标准样品。材料经快速干燥后可置低温下保存。

（7）将此枯斑病叶分别接种到黄瓜或普通烟草上，又可得到系统的花叶症状。把不同的病毒接种在不同的寄主植物上会出现不同的症状。选用这些特定寄主植物作为鉴别寄主，进行病毒和病毒病害的诊断，可做出初步鉴定。将病组织汁液接种在枯斑寄主上，根据枯斑的特征，还可进一步区分病毒的种类，是病毒定量的一种简易方法。

4.4　植物病原线虫的分离〔参考附录4〕

大部分植物寄生线虫只为害植物根部，有些还是植物根内寄生虫，少数可为害植物地上部茎、叶和花果。从有病植物材料中和土壤中分离线虫的方法很多，它们各有优缺点，常用的方法有漏斗分离法、浅盘分离法、漂浮分离法等。

4.4.1　贝尔曼（Baermann）漏斗分离法

此法操作简单、方便，适于分离植物材料和土壤中较为活跃的线虫。一般选用一支口径为10～15 cm的塑料漏斗，下接一段长5～10 cm带有弹簧夹的乳胶管。漏斗放在木架或铁环上，漏斗内盛满清水。病植物材料或土样用双层纱布包扎好，慢慢浸入清水中，浸泡24 h后样品中线虫因喜水而从材料中游到水中，并因自身重量逐渐沉落到漏斗底部的橡皮管中。慢慢放出5 mL管中水样于离心管中，在1500 r/min的离心机中离心3 min，倾去上层水液，将底部沉淀物连同线虫一起倒在表面皿或计数皿中，在解剖镜下计数，然后将线虫挑至装有固定液的小玻管中备用。也可将放有样品材料的网筛搁在漏斗口上，使水面淹没材料，线虫也可以游离出来并沉降到漏斗底部。

4.4.2　浅盘分离法

把两只不锈钢浅盘套在一起，上面一只称筛盘，它的底部是筛网（10目/英寸²），下面一只浅盘略大些，是盛水盘（底盘）。将特制的线虫滤纸放在筛盘上，并用水淋湿，在上面再放一层餐巾纸，放分离的土样或材料，在两盘之间加水浸没材料，在室温（20 ℃以上）下保持8 d，材料中的线虫大都能穿过滤纸而进入盛水盘中，收集浅盘中的水样并过两层小筛子（上层为25目粗筛，下层为400目细筛）。线虫大多集中在下层筛上，可用小水流将线虫冲洗到计数皿中。浅盘法比漏斗法好，它可以分离到较多的活虫，而且泥沙等杂物较少。

4.4.3 胞囊漂浮器分离法（芬威克改良漂浮法）

对于没有活动能力的线虫胞囊可采用芬威克漂浮筒漂浮的方法分离。漂浮筒内先盛满清水，把10.0 g风干土样放在顶筛中。用强水流冲洗土样，使其全部淋入筒内，再把细水流从顶筛加入，使土粒等杂物沉入筒底，胞囊和草渣等则逐渐漂浮起来并流到承接筛中（100目），筛中胞囊等沉入烧杯后，再倒入铺有滤纸的漏斗中，收集滤纸上的胞囊。在解剖镜或扩大镜下，用镊子、毛针、竹针、毛笔等工具从水样或滤纸上挑取线虫。

4.5 植物病害接种法

4.5.1 拌种法和浸种法

经种子传染的病害可采用拌种法和浸种法这两种方法接种。拌种法是将病菌的悬浮液或孢子粉拌和在植物种子上，然后播种诱发病害。小麦腥黑穗病可采用此法接种。浸种法是用孢子或细菌悬浮液浸种后播种，大麦坚黑穗病、棉花炭疽病和菜豆疫病可用此法接种。

4.5.2 土壤接种法

由粪肥、土壤传染的病害可以采用土壤接种法。土壤接种法是将人工培养的病菌或带菌的植物粉碎，在播种前或播种时施于土壤中，然后播种。也可先开沟，沟底撒一层病残体或菌液，将种子播在病残体上，然后盖土。有的病原物能在土壤中长期存活（土壤习居菌）。把带菌土壤或带有线虫接种体的土样接种到无菌（虫）土中，再栽种植物，就可以使植物感染，如棉花枯黄萎病、小麦土传花叶病毒和一些线虫病等。对于青枯菌可以采用土壤灌根的方法。

4.5.3 喷雾法和喷洒法

这两种方法适用于经气流和雨水传染的病害，大部分细菌病害和真菌叶部病害都可采用喷雾接种，如水稻细菌性条斑病和柑橘青绿霉病等。喷洒法是将接种用的病菌配成一定浓度的悬浮液，用喷雾器喷洒在待接种的植物体上，在一定的温度下保湿24 h，诱发病害的一种方法。

4.5.4 伤口接种

除了植物病毒接种时常用的摩擦接种属伤口接种外，植物病原细菌、病原真菌也常用伤口接种法。许多由伤口侵入，导致果实、块根、块茎等腐烂的病害均可采用伤口接种。先将接种用的瓜果等洗净，然后用75%乙醇表面消毒，再用灭菌的接种针或灭菌的小刀刺伤或切伤接种植物，在伤口处滴上病菌悬浮液或塞入菌丝块，用湿脱脂棉覆盖接种处保湿。

水稻白叶枯病的伤口接种常用剪叶接种和针刺接种法。先用火焰或用75%乙醇消毒解剖剪，把解剖剪在白叶枯病菌悬浮液中浸一下，使剪刀的刃口蘸满菌液，再将要接种的稻叶叶尖剪去。接种处不必保湿，定期观察病情。细菌悬浮液的浓度为 $1.0×10^8$ cfu/ mL。

4.5.5 介体接种

1.菟丝子接种

菟丝子接种是在温室中研究病毒、菌原体等病害广为采用的一种接种方法。先让菟丝子侵染病株，待建立寄生关系后，再让病株上的菟丝子侵染健株，使病害通过菟丝子接种传播到健株上。

2.蚜虫及其他介体昆虫接种

详见植物病毒的传染方法。

所有的接种实验都应设有对照，即用清水代替病菌，用同样的方法接种，观察发病与否。分别用土壤灌根法接种番茄青枯菌，用喷雾接种法接种水稻稻瘟病菌，用剪叶接种法接种水稻白叶枯病菌。注意针对不同病害接种后培养的条件，观察不同病害症状出现的过程。

5 实验讨论

（1）以小组为单位进行接种，每一组做一套，每人每天均观察记录。

（2）用所给的新鲜病害材料进行真菌和细菌病原菌的分离和纯化，观察并记录分离物的培养性状。

（3）是否所有的病害都能分离到病原物？为什么？

实验三　植物病原物的形态观察

1　实验目的

认识植物病原物的形态特点，为病害诊断奠定基础。

2　实验材料

疫病菌、炭疽病菌、菌核病菌的纯培养物，黑根霉切片及油菜菌核、菌索；油菜霜霉病叶片组织、黑根霉菌切片、盘菌及盘菌切片、小麦黑穗病冬孢子、小麦白粉病叶片、柑橘黑斑病菌切片等有关的玻片和实物标本。

3　实验仪器

体视显微镜、放大镜、解剖针、载玻片、盖玻片、镊子、蒸馏水等。

4　实验步骤

4.1　真菌的菌丝

菌丝是真菌的营养体，通常呈圆筒状，具有细胞结构。根据其分隔有无可分为：

（1）无隔菌丝：单细胞、带分枝的丝状长管。观察黑根霉菌切片或用针挑取疫病菌培养菌丝少许，做成临时玻片标本，放在显微镜下观察，注意菌丝形态，有无分隔，如有分隔，大多在哪些部位。

（2）有隔菌丝：挑取炭疽病菌培养菌丝少许，同前一方法，在显微镜下观察。注意其形态与无隔菌丝的区别。

4.2　菌丝体的变态

（1）菌核：菌核是由菌丝体纵横交织所组成的粒状物，是真菌的休眠体。观察油菜菌核，再观察示范镜中菌核切片。注意菌核内部的组织分化及表层细胞、拟薄壁组织、疏丝组织在形态上的差异。

（2）子座：子座是由菌丝体或菌丝和一部分组织组成的垫状物，形状不一，其内部结构与菌核相似。子座上（或内部）可以形成各种子实体。

（3）菌索：菌索是由菌丝体平行排列组成的绳索状物，高度发达的根状菌索与高等植物的根相似。观察一种腐生真菌形成的菌索。

4.3　无性孢子

4.3.1　游动孢子

游动孢子是产生于游动孢子囊中的内生孢子，游动孢子囊由菌丝或孢囊梗顶端膨大而成，游动孢子无细胞壁，具1～2根鞭毛，释放后能在水中游动。

4.3.2　孢囊孢子

菌丝的一段特化成孢子囊梗，上生孢子囊，囊内孢子叫孢囊孢子。观察黑根霉菌切片。

4.3.3　分生孢子

分生孢子是真菌中最常见的一种无性孢子。菌丝形成明显的分生孢子梗，梗端着生或分隔形成分生孢子。观察柑橘黑斑病菌切片。

4.4　有性孢子

4.4.1　休眠孢子囊

休眠孢子囊通常由两个游动配子配合形成，壁厚，为双核体或二倍体，萌发时发生减数分裂释放出单倍体的游动孢子，如根肿菌门的根肿菌和壶菌门壶菌的有性孢子。根肿菌的休眠孢子囊萌发时通常仅释放出一个游动孢子，故其休眠孢子囊也称为休眠孢子。

4.4.2　卵孢子

卵孢子是由雌雄异形的配子囊即雄器与藏卵器相结合后，由藏卵器内卵球发育而成。取经75%乳酸浸渍几天后的小块霜霉病（或空心菜白锈病）叶片放于载玻片上，镜检可见病组织中有许多黄褐色球形的卵孢子。

4.4.3　接合孢子

接合孢子是由雌雄同形的配子囊相结合，两个配子囊的内含物融合在一起而发育成的。观察示范镜中黑根霉菌切片，注意接合孢子的形状，以及雌雄配子囊形态有无区别。

4.4.4　子囊孢子

两个异形的配子囊即雄器与产囊体相结合后，由产囊体上形成的产囊丝衍化成子囊。典型的子囊菌，子囊内具有8个子囊孢子，子囊外面包有各种形状的子囊果。观察标本瓶中盘菌的形态，然后取盘菌切片镜检，注意子囊形态及子囊孢子的数目。

4.4.5　担孢子

由菌丝或孢子形成的棒状物称为担子。在担子顶端或侧面形成担孢子（或称为小孢子)。一般担子上着生4个担孢子。取桧柏上的少许冬孢子角在显微镜下观察担子及担孢子的形状,担子有无隔,其上着生几个担孢子。

5 实验讨论

(1)绘无隔菌丝、有隔菌丝和菌核横切面形态图。

(2)绘柑橘炭疽病菌图,示分生孢子梗、分生孢子。

(3)绘黑根霉菌图,示孢囊梗、孢子囊、孢囊孢子、假根。

(4)绘十字花科菌核病盘菌图,示子囊盘、子囊、子囊孢子。

实验四　植物病原物的菌种保存

1　实验目的

掌握植物病原物的菌种保存方法。

2　实验材料

各种病原菌、石蜡（矿物油）、甘油、灭菌土（砂）、干冰、液氮等。

3　实验仪器

超低温冰箱、低温冰箱、超净工作台、取液器、天平、试管、离心管等。

4　实验步骤

4.1　低温保存法

将菌种接种于所要求的培养基上，在最适温度中培养，至静止期或产生成熟的孢子时，置入 5 ℃ 的冰箱内保存。在培养和保存的过程中，每 5～15 d 或 1～4 个月重新移植一次，具体间隔时间因种而异。凡能人工培养的微生物都可用此法保存。此法不需特殊设备，但烦琐、费时，而且经常移植容易引起菌种退化。

4.2　石蜡保存法

将化学纯的液状石蜡（矿物油）经高压蒸汽灭菌，放在 40 ℃ 恒温箱中蒸发其中的水分，然后注入斜面培养物中，使液面高出斜面约 1 mm。将试管直立，放在 15～20 ℃ 室温中保存。由于在斜面培养物上覆盖一层液体，既能隔绝空气，又能防止培养基因水分蒸发而干燥，可以延长菌种保藏的时间。

4.3　甘油管保存法

在 5 mL 菌种保藏管中，将等体积的菌种悬液和 40% 的甘油充分混匀后，于 -20 ℃ 冰箱中保存。

4.4　载体保存法

将沙或土过筛，烘干，装管，灭菌，然后将菌种制成孢子悬液滴入其中混匀，置于干燥器里吸除水分，干燥后保存。吸附在干燥沙土上的孢子因缺水而处于休眠状态，可保存较长时期。或用纸片（滤纸）保存，将灭菌纸片浸入培养液或菌种悬液中，常压或减压干燥后，置于装有干燥剂的容器内进行保存。

4.5　悬液保存法

悬液保存法即使微生物混悬于适当溶液中进行保存的方法。常用的方法有：

（1）蒸馏水保存法：将菌体悬浮于蒸馏水中即可在室温下保存数年。本法应注意避免水分的蒸发。

（2）糖液保存法：将菌体悬浮于10%的蔗糖溶液中，然后置于冷暗处，可保存长达10年。除此之外，也可使用缓冲液或食盐水等进行保存。

4.6　冷冻保存法

（1）低温冰箱保存法（-20 ℃、-50 ℃或-85 ℃）：低温冷冻保存时使用螺旋口试管较为方便。保存时菌液加量不宜过多，有些可添加保护剂。此外，也可用玻璃珠来吸附菌液，然后把玻璃珠置于塑料容器内，再放入低温冰箱内进行保存。

（2）干冰保存法（-70 ℃左右）：将菌种管插入干冰内，再置于冰箱内进行冷冻保存。

（3）液氮保存法（-196 ℃）：液氮保存法是适用范围最广的微生物保存法。把尽量浓厚的菌体悬浮于含有适当防冻剂的灭菌溶液中，将0.2～1 mL的这种溶液分装于安瓿中，或在装有分散剂的安瓿中直接接种，或将菌丝体琼脂块直接悬浮于分散剂中。

5　实验讨论

（1）比较各种菌种保存方法的特点。

（2）冷冻保存时，可选用哪些添加剂？

实验五 植物病原物的孢子萌发

1 实验目的

学习孢子萌发常用的方法，通过实验比较各种孢子萌发所需的条件。

2 实验材料

PDA培养基、PSA培养基、炭疽病菌、白粉病菌、黑粉病菌和无菌水等。

3 实验仪器

光照培养箱、培养皿、显微镜、超净工作台等。

4 实验步骤

孢子萌发的方法很多，有些真菌的孢子须用特殊的方法才能萌发，以下为实验常用的方法。

4.1 悬滴法

在洁净的盖玻片中央滴一滴柑橘炭疽病菌孢子悬浮液，注意滴成圆形，大小适当，菌悬液浓度以显微镜低倍镜头每个视野约20个孢子为宜。然后翻转盖玻片制成悬滴，并封闭在特制的玻环内，再将玻环放在底部盛有少许水的培养皿中，盖好皿盖，放置在26～28 ℃温箱中培养，4～5 h后镜检萌发结果。

也可直接在培养皿盖里做悬滴，即用玻璃笔在皿盖里划方格，在方格中央滴孢子悬液，然后慢慢转动皿盖。皿盖放在盛有少量蒸馏水的皿底上，保温保湿培养。此法的优点是简便，而且适用于大量孢子萌发测定。

4.2 液滴法

在培养皿内放一"#"或"U"形玻璃棒，皿底加少许蒸馏水或衬上吸水纸或加几个脱脂棉球吸水保湿，玻璃棒上放载玻片，其上分别滴2或3滴柑橘炭疽病菌孢子悬浮液，盖好皿盖，置于26～28 ℃温箱中培养，4～5 h后镜检萌发结果。

也可将配好的孢子悬液直接加在培养皿中萌发，一般一个培养皿中加孢子悬液10 mL左右，不宜太多，然后直接镜检萌发结果。此法的优点是一次可测定大量孢子。

4.3 琼脂培养基法

对于某些不适于直接在水滴中萌发的真菌可采用此法，如南瓜白粉病菌。在培养皿内放一"U"形玻璃棒，将2%水琼脂培养基加热熔化，冷却至50℃左右，用洁净的载玻片蘸取培养基，凝固后使载玻片一面有一层培养基，一面保持洁净，有培养基的一面朝上，平放在"U"形玻璃棒上，再将白粉菌的分生孢子轻轻弹落或涂抹在琼脂平面上，10～12℃下培养，24 h后镜检萌发结果。

4.4 载玻片引湿法

此法用于不适于直接在水滴中萌发的某些真菌。在培养皿中放一"V"形或"U"形玻璃棒，其上放一载玻片，再取一个宽1 mm、长4 mm的滤纸条放在皿内。灭菌后皿底加少许灭菌水，将滤纸条横放在载玻片上绷紧，两端浸入水中，使滤纸条吸湿，再在纸上滴一滴玉米瘤黑粉病菌的黑粉孢子悬浮液，盖上皿盖，在25℃温箱中培养，逐日检查萌发的结果。

4.5 孢子萌发的记录方法

孢子是先吸水膨胀，然后长出芽管，通常以芽管长度超过孢子直径一半（不是正圆形的孢子以短径为准）作为萌发标准，记载萌发的方法有以下几种：

4.5.1 萌发率

萌发一定时间后，随机取一定数目（500个）的孢子，检查萌发的孢子数，求出萌发百分率，如果用该法记录两种或几种不同处理时，要注意严格掌握检查时间。

4.5.2 萌发时间

测定孢子萌发达到一定萌发率所需的时间。

4.5.3 芽管平均长度

测定一定数目已萌发孢子的芽管长度，求其平均值。此外，有些萌发试验，如药效测定等，还需注意记录芽管的宽度、形状变化，以及是否有分枝等。

5 实验讨论

（1）孢子萌发在植物病理研究工作中有什么重要意义？在做萌发试验时，特别要注意哪些问题？

（2）哪些真菌适用于哪种孢子萌发方法？记录孢子萌发的方法有几种？每种方法的优缺点是什么？

实验六 植物病原物的接种技术

1 实验目的

人工使病原物与寄主植物感病部位接触，创造条件使病原物侵入并诱致寄主发病，称为接种。接种是证病过程的重要步骤，在研究寄生现象发病规律、测定品种抗病性、测定药剂防病效果时，都需要接种。因此，接种是植物病理工作者必须掌握的基本技术环节。植物病原物人工接种方法，是根据病害的传染方式和侵染途径设计的，植物病害的种类很多，其传染方式和侵染途径各异，因此接种方法也不相同。

以柑橘炭疽病、辣椒青枯病、豇豆锈病、草莓灰霉病等为例，学习常用的接种方法。

2 实验材料

辣椒青枯病菌、柑橘炭疽病菌、豇豆锈病菌、草莓灰霉病菌等；辣椒幼苗、柑橘叶片、豇豆叶片、草莓果实等；PDA和PSA等培养基，培养皿、血球计数板、接种针、无菌水、酒精灯等。

3 实验仪器

光照培养箱、超净工作台、显微镜等。

4 实验步骤

4.1 拌土法（辣椒青枯病）

拌土法适用于土壤传染的病害。将消毒的土壤分别装入两个小花盆中。其中一盆表层覆1 mm厚的菌土，菌土是用1份玉米砂培养菌加5份消毒土混合而成；另一盆不接种（不覆菌土），作为对照。把经0.1%升汞表面消毒3 min并用无菌水洗3次的小麦种子，分别播种在两个花盆内，盆中插上标牌，注明接种日期、接种方法、病害名称及接种者姓名。花盆放在室温下，浇水保湿，遮阴管理，待幼苗出土展开叶子后（7 d左右），观察并记录根腐病发生情况。

4.2 喷雾法（柑橘炭疽病）

气流及雨水传播的病害常用喷雾法接种。把培养好的一支柑橘炭疽病菌斜面菌种，用移植钩刮于装有100 mL无菌水的三角瓶中，用力振荡，待孢子洗下后，用纱布过滤，并于滤液中加入数滴吐温-80，即成孢子菌悬液，用喷雾器将其均匀喷布在柑橘叶片上。同时设一不喷菌液而喷无菌水的柑橘叶片作为对照，用塑料罩保湿48 h，揭开塑料罩后正常管理，7 d后调查发病情况。

4.3 涂抹法（豇豆锈病）

涂抹法也是气流传播的病害常用的接种方法，用于锈病接种。蘸取锈菌夏孢子悬液后自下向上轻轻涂抹接种的豇豆叶片，也可先用手指沾水摩擦叶片，使叶表有一层水膜，然后将夏孢子粉抹在上面，以不涂抹孢子悬液或孢子粉的叶片做对照。塑料罩保湿48 h后揭开，正常管理，7 d后调查发病情况。

4.4 损伤接种法（草莓灰霉病）

草莓用75%乙醇表面消毒后，用灭菌接种针在其上刺直径为2～3 mm的伤口3～5个。取10 μL浓度为 1×10^6 /mL个草莓灰霉病菌孢子悬浮液于伤口中，再覆以饱含无菌水的脱脂棉或纱布，放在密封的干燥器或标本瓶中，干燥器或标本瓶底部装些水，再将干燥器或标本瓶放于25 ℃的温箱中，以未接菌的草莓作为对照，3 d后调查发病情况。

4.5 接种实验的观察和记录

认真观察和记录是做好接种实验的重要环节，为了及时正确地分析总结实验结果，必须认真观察并做详尽的记录，如记录接种时间，接种植物，接种品种，接种方法，接种部位，接种用的病菌名称（包括菌系和生理小种）、来源、繁殖和培养方法（培养基、培养温度、培养时间），接种体浓度，接种步骤及接种后的管理等。

5 实验讨论

植物接种常用的方法有哪些？举例说明如何根据病害特点选择接种方法。

实验七　植物病害症状观察方法

1　实验目的

通过对植物病害标本的观察，了解症状的概念及类别，为诊断植物病害打下初步基础。

2　实验材料

各类植物病害的浸渍、压制或新鲜标本，扩大镜，记录本。

3　实验仪器

光照培养箱、标本夹。

4　实验步骤

植物感病后，先是在发病部分内部发生一系列生理变化，最后发展到外表形态的异常变化，这就是病害的症状，包括病状和病征。

4.1　病状

病状即植物感病后自身所表现的异常状态。

（1）变色：植物受害后局部或全株失去正常的绿色或发生颜色变化，称为变色。其表现有：黄化、花叶、白化等（观察变色组病害标本）。

（2）坏死：植物的细胞和组织受到破坏而死亡，称为坏死。其表现有：叶斑（圆形、梭形、轮纹、角斑、不规则形）、叶枯、枝枯、茎枯，落叶、落果，疮痂、溃疡等（观察坏死组病害标本）。

（3）腐烂：植物的细胞和组织发生较大面积的破坏和分解，称为腐烂。其表现有：软腐、湿腐或干腐。按发生部位又可分为根腐、茎基腐、穗腐、块茎块根腐烂及幼苗的立枯、猝倒等（观察腐烂组病害标本）。

（4）萎蔫：植物的根或茎的维管束受病原物侵害，大量菌体堵塞导管或产生毒素阻碍或影响水分运输而引起供水不足所出现的凋萎现象，称为萎蔫。其表现有：黄萎、青枯等（观察萎蔫组病害标本）。

（5）畸形：植物受病原物危害后，可以发生增生性病变，使病部膨大，产生肿瘤、丛枝、发根等；也可以发生抑制性病变，使植株或器官矮缩、皱缩等；此外，病部组织发育不均衡，呈现卷叶、蕨叶等（观察畸形组病害标本）。

4.2　病征

病原物在植物病部表面形成的结构，其特征是有各种不同颜色和形状的霉状物、粉状物、脓状物等。

（1）霉状物，如白菜霜霉病菌、小麦赤霉病菌。

（2）粉状物，如南瓜白粉病菌、玉米黑粉病菌。

（3）锈状物，如麦类锈病菌、薤菜白锈病菌。

（4）黑色小粒点，病斑中常有针头大小的黑点。如花生黑（褐）斑病菌、辣椒炭疽病菌等。

（5）菌核，如油菜菌核病菌、水稻纹枯病菌。

（6）菟丝子，如豆类菟丝子。

（7）菌脓（脓状物），如水稻白叶枯病菌。

5　实验讨论

（1）将观察结果填入表内。

病害名称	被害作物	发病部位	病状类型特点	病症类型、特征

（2）说明症状、病状、病征的区别。

实验八　植物病理学临时玻片制作技术

1　实验目的

学会几种常用的病原物镜检方法，观察病组织变化和病原物的形态，为鉴定植物病害打下基础。

2　实验材料

显微镜、扩大镜、刀片、滴瓶、解剖针、尖头镊子、载玻片、盖玻片、纱布、小剪刀、表面皿或培养皿、接骨木（通草或胡萝卜）、病害标本等。

3　实验仪器

光照培养箱、超净工作台、显微镜等。

4　实验步骤

4.1　挑取法和刮取法

挑取法和刮取法这两种方法适用于检查病征明显的植物病害，如锈病、白粉病、灰霉病等，操作步骤如下：

（1）取一干净载玻片和盖玻片，用纱布擦净，并在载玻片上滴一滴蒸馏水。

（2）用解剖针或解剖刀，沾一些蒸馏水在植物病部挑取或刮取病原物，反复取几次，再将所取的病原物轻轻置于载玻片的水滴中；取盖玻片，先将盖玻片的一端与载玻片的水相接触，再把盖玻片的另一端慢慢地放下去，以免盖玻片盖下时产生气泡而影响观察。

（3）制好的玻片先在低倍镜下观察，根据需要可调节至高倍镜继续观察（镜检之前，用低倍镜对好光）。

（4）每次制片观察后，必须把挑取或解剖过病原物的用具擦洗干净，以免留有病原物而影响下次镜检。

4.2　压碎组织法

压碎组织法适用于观察病组织中的真菌孢子和其子实体及某些病原细菌，操作步骤如下：

（1）取一载玻片和盖玻片，用纱布擦净，在载玻片上滴一滴蒸馏水。

（2）用解剖刀或小剪刀切一小块病组织（长0.5～1 mm），放在载玻片的水滴中，浸泡1 min左右，再用解刮刀将病组织压碎或捣碎，使病原物与病组织分离。

（3）加盖玻片，用低倍镜镜检。

4.3 徒手切片法

为了检查病组织解剖上的变化或观察病菌孢子的形成以及子实体的结构等，常用徒手切片法制片，操作步骤如下：

（1）用小剪刀（或刀片）取症状明显的病组织一小块（长4～8 mm），将小块病组织嵌入接骨木切成1 mm的切口内。

（2）以左手大拇指与食指紧捏住接骨木材料，右手握刀片，以平切方式从外向内，从左向右拉切，切片越薄越好，把切下的薄片立即放入盛有清水的表面皿或培养皿，使其伸展。

（3）用挑针或镊子挑取3～4片薄片移到干净的载玻片上，滴一滴蒸馏水，再轻轻地放下盖玻片，就可置于显微镜下检查。在没有接骨木时，可用小镊子夹取切下的病组织稍沾湿，平放在小木板上，以手指轻轻压住（或载玻片压在病组织上，并用手指压住），不使其移动，然后用刀片拉切成薄片，制成玻片。

较硬的病组织要软化后再切。软化液由甘油1份、酒精2份、水3份混合而成。

4.4 组织整体检查法

此法适用于检查生长在植物组织表面的病原菌（灰霉病菌、白粉病菌等），以及病菌孢子发芽（如黑粉菌和锈菌的冬孢子等）。从病组织上撕下带菌的寄主表皮，直接制成临时玻片，镜检病菌的着生状况；也可将新鲜标本用水冲洗，除去表面杂物后，再保温保湿培养，第2天剪取小块病叶，以叶背面向上置于载玻片上，使病菌保持自然着生的状态，然后在低倍镜下观察病菌的孢子和孢子的自然着生状态。

5 实验讨论

（1）反复练习上述四种镜检制片法（特别是徒手切片法），直至掌握为止，能使观察物在显微镜下清晰可见（经教师鉴定）。

（2）画一徒手切片观察物图，注明寄主组织、病原物。

实验九　植物病害田间调查方法

1　实验目的

学习和掌握病害调查的一般方法，熟悉调查资料的整理、计算方法和分析等，了解植物病害田间分布类型和不同品种抗病性的差异。

2　实验材料

发病田块，扩大镜、尺子，病害调查记录表，调查病害的分级标准等。

3　实验仪器

光照培养箱、超净工作台、显微镜等。

4　实验步骤

选择病害较多、发病盛期的田块。根据实验原理对该地块采用适合的方法取样（取样部位可以是整株、叶片和穗秆等），进行一般性调查，记录该地区植物病害种类、病害分布情况和发病程度等。由于实验有一定难度，实验量较大，将学生分为几个小组，每一小组对一种病害进行调查，然后小组间进行综合，得出该地区某些农作物的发病总体情况，具体内容可根据当时、当地情况而定。

4.1　病害调查的类别

4.1.1　一般调查（普查）

普查是对局部地区植物病害种类、分布、发病程度的基本情况调查。

4.1.2　重点调查

对一般调查发现的重要病害，可作为重点调查对象，深入了解它的分布、发病率、损失、环境影响和防治效果等，重点调查次数要多一些，发病率的计算也要求比较准确。

4.1.3　调查研究

许多植物的病害问题，是通过调查研究或者是在调查研究的基础上解决的。调查研究和实验研究是互相配合的，二者结合，才能逐步提高对一种病害的认识。

4.2 发病程度的调查

4.2.1 记录方法

1.直接计数法

直接计数法是一种比较简单的方法，就是计算发病田块、植株或器官的数目，除以调查的总数，求得发病的百分率。

2.分级计数法

根据病害发生的轻重，以及对植物的影响，可将病害进行分级。调查时记录每级发病的田块数、平均株（叶）发病率。下面举个例子，说明分级标准的用法（马铃薯晚疫病）。

级别	发病率(%)	病害发生程度
1	0.0	田间无病
2	0.1	病株稀少，直径11 m的面积内,只发现一两个病斑
3	1.0	普遍发病,每株约10个病斑
4	5.0	每个病株约有50个病斑或有1/10的小叶片发病
5	25.0	每一小叶都发病,但病株外形仍正常,并呈绿色
6	50.0	每一植株都发病,有一半叶片枯死,病田呈绿色,但间或呈褐色
7	75.0	有3/4面积的植株枯死,病田呈黄褐色,顶叶仍呈绿色
8	95.0	只有少数叶片仍保持绿色,但茎仍呈绿色
9	100.0	叶片全部枯死,茎部亦枯死或正在枯死中

4.2.2 病情指数

分级计数法不是根据发病百分率进行分级的，而是根据每一级中发病个体数进行分级。往往是用病情指数来表示发病程度。

病情指数=$\sum$（病级株数×代表数值)/株数总和×发病最重级的代表数值×100

如番茄早疫病的病株，分级如下：

病级	发病程度	代表数值	病株（假定）
1	无病或者几乎没病	0	8
2	少至25%的叶片枯死	1	15
3	26%～50%的叶片枯死	2	20
4	51%～75%的叶片枯死	3	40
5	76%～100%的叶片枯死	4	30

病情指数 = $\sum$ （0×8+1×15+2×20+3×40+4×30)/(8+15+20+40+30)×4×100=65.3。发病最重的病情指数是100，完全无病是0，故该数值能表示发病的轻重。

4.2.3 取样方法

1.取样数目

样本的数目要看病害的性质和环境条件，取样不一定要太多，但一定要有代表性。

2.取样方法

随机取样法：此法适于分布均匀病害的调查，要力图做到随机取样，调查数目占总数的5%左右。

"Z"字形取样法：此法适于狭长地形或复杂梯田式地块病害的调查，按"Z"字形或螺旋式进行调查。

平行取样法：此法适于分布不均病害的调查，需间隔一定行数进行取样调查。

对角线法：适于条件基本相同的近方形地块病害的调查。样点定在对角线上，取5～9点调查，调查数目不低于总数的5%。

3.样本类别

样本可以以整株、穗秆、叶片、果实等作为计算单位，样本单位的选区，应该做到简单而能正确地反映发病情况。

4.取样时间

调查取样的适当时期，一般是在田间发病最盛期。

5 实验讨论

（1）完成田间病害调查表。

调查地点	
调查时间	
调查小组成员	
调查作物种类	
调查发病部位	
调查病害种类	
取样方法	
病害发病率(%)	
病情指数	
备注	

注：番茄早疫病病情指数可根据上表及本实验所提示公式求得。

（2）根据调查小组调查所得资料，写一份调查报告。

（3）根据具体情况确定调查方法，对调查结果的正确与否有何关系？

（4）一般调查、重点调查、调查研究的目的、要求、方法及关系是什么？

实验十　植物病害标本采集制作

1　实验目的

学习植物病害标本的采集和制作方法。

2　实验材料

草纸、纸袋、麻绳、福尔马林、亚硫酸钠、硫酸铜、冰醋酸、玻棒、玻缸、大烧杯（500～1000 mL）等。

3　实验仪器

光照培养箱、超净工作台、显微镜、标本夹、采集箱等。

4　实验步骤

植物病害标本是病害症状的最好记录，也是研究植物病害的基本材料之一，并且可以用作教学及展览。因此，病害标本的采集和制作是非常必要的工作。

4.1　标本的采集

病害标本主要采集有病植株的根、茎、叶和果实等。一个好的病害标本必须有受害部位在不同时期的典型症状，真菌病害在植物病部必须有子实体。一种标本最好是一种病害，以免发生病害混乱。对于许多病害来讲，寄主的鉴定是很重要的（特别是锈菌和黑粉菌），因此不熟悉的寄主，最好能采得寄主的花芽和果实等，以便于鉴定。

每种标本采集的数量不宜太少，一般叶片标本至少要有十余片，以便用于鉴定、保存和交流。干燥后容易卷缩的标本，如稻叶等，应随采随压。黑粉病类标本，应放在纸袋内或用纸包好，以免孢子混杂而影响鉴定。腐烂的果实及柔软的肉质蕈类标本，应分别用纸包裹放入箱内或筐篮内，以免损坏和玷污。其他不易损坏的标本可暂时置放采集箱中带回整理。

采集标本应有记录，记录的内容主要有：编号、寄主名称、发病情况、环境条件、采集日期、采集地点、采集者姓名等。

4.2 标本的制作

病害标本的制作，可分为干燥法和浸渍法。制作时要求能尽量保持病害原来的性状，微小的标本可制成玻片。

4.2.1 干燥法

干燥法，方法简单且经济，应用较广，适用于一般含水较少的茎、叶等病害标本的制作。干燥法制成的标本，又称腊叶标本。将采集的标本夹于吸水纸中，用标本夹压紧（捆紧）后，日晒或加温烘烤，使其尽快干燥，干燥愈快，愈能保住标本原有的色泽。在高温高湿的夏季，采得的标本容易变色，要勤换标本纸，通常前3～4 d每天换纸2～4次，以后每2～3 d换1～2次，直至标本完全干燥为止。春秋季节可以减少换纸的次数。第一次换纸时，将标本加以整理，因为经过初步干燥后，标本变软而易于铺展。烟草、甘蔗、蚕豆、马铃薯的茎叶是很难保存颜色的标本，在制作过程中，特别要注意快速干燥，可以将标本夹在吸水纸中用电烫斗烫，使之快速干燥而保持原有的色泽。需要保持绿色的干制标本，可先将标本在5%硫酸铜溶液中浸渍24 h，或经硫酸铜溶液（配制同浸渍法中的醋酸铜溶液）处理后再压制。

4.2.2 浸渍法

多汁的果实、块茎、块根及多肉子囊菌和担子菌的子实体等，不适于用干燥法制成标本，必须用浸渍法保存。浸渍液的种类很多，有纯防腐的，也有专门保持标本原来色泽的。

1.一般防腐的浸渍液

这类浸渍液仅能防腐，不能保色。不要求保色的标本洗净后，直接浸入以下溶液中：

（1）福尔马林浸渍液：将福尔马林配成5%溶液使用。

（2）75%乙醇溶液。

2.保持绿色的浸渍法

（1）硫酸铜渍法：将标本浸入5%硫酸铜液中，经过24～48 h后，取出用清水洗净，浸入亚硫酸防腐液中保存。此法对绿色叶片、果实（如棉铃、葡萄）等，均有良好的保色防腐的效果。

（2）醋酸铜浸渍法：将醋酸铜结晶逐渐加入至5%的醋酸液中，直到不再溶解为止（即饱和为止），作为原液，用水稀释4倍，加热至沸，然后放入标本，继续加热，标本在药液中逐渐由绿色变为褐色（大约3～4 min）后，又恢复为绿色。此时应该注意，当标本恢复到与原来绿色相似时（旁边应有一个对照），立即取出，用清水漂洗干净，浸入5%福尔马林溶液或75%酒精中，或者压制成干燥标本。

这种方法的优点是保色能力强，缺点是制作比较麻烦，需加热，同时保存的标本有时带蓝色，与植物原色稍有出入。

4.3　标本的保存

4.3.1　浸渍标本的保存

浸渍标本保存在玻璃标本瓶中，为了使标本不漂浮和移动，可将标本缚在玻璃片上，固定在浸渍液中。标本瓶口必须密封，才能保持浸渍液的效用，封口方法有：

（1）临时封口法：将蜂蜡和松香各1份，分别熔化后混合，加少量凡士林调成胶状，涂在瓶盖边缘，将瓶盖压紧封口。

（2）永久封口法：用明胶和硝石灰各1份混合，加水调成糊状，用于封口。

4.3.2　蜡叶标本的保存

（1）纸袋保存：标本干燥后，可用纸折成纸套，把标本盛在纸套内，然后放在厚牛皮纸制的纸袋内，或者将标本直接放在纸袋内，并在纸袋正面的左下角处贴上标签。

（2）玻面标本盒保存：在纸盒中铺一层棉花，在棉花上放标本，并在盒子左下角放一标签，然后盖上玻盖。这种标本适合于观察，常用作教学及示范。为了很好地保存标本，必须注意标本干燥，防止标本生霉或遭虫蛀，可在纸袋内或纸盒中加少许樟脑丸，或用0.1%的升汞水溶液涂抹标本，以防虫防霉。

5　实验讨论

（1）每组采集5种植物病害典型症状标本，每种病害标本采集5～10份。

（2）每组制作一种绿色浸渍标本。

下 编

综合性创新实验教学案例设计

第一部分　案例背景

植物病理学试验教学是与植物病理学理论课程紧密相关的一个重要教学环节，当前传统的验证性试验教学模式限制了创新性农科人才的培养。因此，增加综合性创新试验课程占比，以适应新农科背景下试验教学的需要，是目前试验教学改革创新中值得考虑和重视的问题。高校科研成果既可促进生产发展，又可丰富教学资源。有效依托科研优势，提升试验教学水平，将科研成果转化为试验教学的创新模式。科研与教学相互转化、相互促进，科研反哺教学，把科学研究思维方法和试验操作技能融于一体，旨在提高学生的探索精神，锻炼学生的创新思维能力以及运用理论知识和试验技能解决具体问题的能力，是目前试验教学改革研究的热点，具有综合性、前沿性和应用性的特点。

1　综合性创新试验特色

植物病理学综合性创新试验基于农业领域研究热点，依托江西农业大学植物生产国家级试验教学中心、教育部作物生理生态与遗传育种重点实验室、江西省果蔬采后处理关键技术及质量安全协同创新中心等教学与科研平台，将江西农业大学农学院取得的部分最新研究成果转化为植物病理学试验的教学内容，构建具有综合植物病理学知识、强化试验技能训练和将基础知识运用于科技前沿研究特点的试验教学模式。综合性创新试验通过强调科学问题热点引领和学生自主设计，逐步将科研成果引入试验教学中，以激发学生学习专业知识的兴趣，培养学生的创新思维和创新能力，为学生科研试验和毕业设计奠定基础。

2　案例背景

2.1　水稻白叶枯病

水稻是世界上食用人口最多、历史最悠久的农作物。全球25亿以上的人口主食大米，其中我国约65%的人口以大米为食。我国是世界上水稻种植面积最大的国家，水稻产量占我国粮食总产量的一半左右，水稻在国家粮食安全中的地位举足轻重。据统计，2020年，我国水稻种植面积达3008万hm²，产量达21186万t，分别占全国粮食作物播种面积和产量的25.9%和31.6%。水稻病害是严重影响水稻生产的重要因子之一，平均每年给我国水稻生产造成的损失超过2000万吨，其中由革兰阴性菌黄单孢杆菌（*Xanthomonas oryzae* pv. oryzae）引起的水稻白叶枯病是世界水稻生产中最严重的细菌性病害之一。水稻受害后，叶片干枯，瘪谷增多，米质松脆，千粒重降低，一般减产10%～30%，严重的减产50%以上，甚至颗粒无收，给水稻生产带来了巨大的经济损失。水稻白叶枯病目前主要通过抗病育种和化学药剂防治两种主要途径加以控制。大面积推广种植单一抗源品种常常哺育新小种的壮大和流行，导致植物抗病性丧失。化学药剂防治是一种传统且普遍使用的病害防治方法，但白叶枯病是一种维管束病害，一般的化学药剂难以渗透，防治效果差、成本高，而且在生产实践中带来了诸如高残留、抗药性等问题，因此，亟待研究者寻求新的方法控制水稻白叶枯病。

2.2 梨果实青霉病

由于"翠冠"梨采摘期在7月中旬，采收后天气高温多湿，在自然条件下生理衰变快，且易受机械损伤和病原侵染。贮藏过程中由于病原的侵染导致其腐烂变质，直接损失高达30%左右，极大地降低了梨果实的商品价值，给我国梨产业造成了巨大的危害。其中由扩展青霉（*Penicillium expansum*）引起的梨青霉病是梨果实成熟期和采后贮藏的重要病害之一，不仅导致果实腐烂变质，对我国梨产业造成严重经济损失，而且其分泌产生的展青霉素（Patulin，PAT）是一种神经毒物，具有致畸性和致癌性，给食品安全带来潜在威胁。青霉病原主要通过皮孔和果皮伤口侵染果实，发病初期病患处有近圆形病斑产生，随时间的延长，病斑扩大并有水渍产生，病患处凹陷，后期病斑有青绿色霉块，上覆粉状孢子，有刺鼻的特殊气味，果实迅速腐烂变质。目前主要通过化学药剂控制该病害，但长期使用化学药剂造成的农药残留及病原菌抗药性等问题日益显著。因此，利用绿色安全有效的外源物质诱导梨果实抗青霉病，将为梨采后青霉病的控制提供新的途径。

2.3 植物诱导抗病和茉莉酸甲酯

植物诱导抗病性，亦称SAR或植物免疫，即寄主植物被病原菌侵染或化学制剂诱导处理后，其他未受侵染或诱导的部分产生抵抗后续病原菌侵染的抗性。1933年，病理学家Chester发现病菌侵染植物后，植物的防御反应被激活，被侵染叶片释放出信号产物被转移到植物其他部位而诱发防御反应，此后研究者开始广泛关注植物诱导抗病性。1980年，研究者Luckey以植物对毒物表现兴奋作用为植物诱导抗病性，即生物或非生物胁迫激活寄主植物自身的防卫系统，产生后天免疫功能，抵御各种生物或非生物胁迫压力。植物诱导抗病过程可分为诱导处理、诱导的抗病信号传递与转导以及挑战接种病原物等环节。当挑战接种病原物时，寄主植物细胞马上感受到这种刺激信号，迅速启动并活化植物体内防卫基因，使之产生强烈的抗病防御反应（赵淑清等，2003）。在诱导处理和挑战接种之间，诱导抗性产生的时间间隔因诱导因子、植物、病害种类及病害体系不同而不同。另外，尽管最近研究发现植物诱导抗病性对活体营养型的病原物最有效，而对坏死营养型病原菌效果较差，但是SAR总体表现广谱抗病性，即单个激发子可诱导植物抗多种病害，或多个激发子可诱导植物产生对某一种病害的抗性。

JAs是一类特殊的环戊烷衍生物，广泛存在于自然界中，MeJA和JA为其主要代表物质，此外还包括JA的一些氨基酸结合物、葡萄糖苷及其羟化衍生物等30多种JA衍生物。1962年，Demole等最早从茉莉属素馨花（*Jasminum grandiflorum*）的香精油中发现并分离获得MeJA。1971年，Aldridge等从真菌*Lasiodiplodia theobromae*代谢产物中首次获得JA，后来Ueda和Kato从洋艾的茎和叶中也分离获得了MeJA，并发现它具有促进燕麦叶片片段衰老的生理效应。随后在扁豆未成熟的种子和蚕豆发育的果皮中获得的JA，分别具有抑制水稻和小麦幼苗生长的作用。大量研究表明，JA/MeJA具有广谱的生理效应，不仅调节植物的生长和发育，而且诱导植物抵御辐射、机械伤害和干旱等环境胁迫以及病虫害等生物胁迫，更为重要的是，JAs除了作为植物体内信号物质调控个体发育外，MeJA还可以从植物的气孔进入植物体内，在细胞质中被酯酶水解为茉莉酸，实现长距离的信号传导和植物间的交流，诱导邻近植物产生诱导防御反应，在不同植株之间发挥通信作用。早期研究表明，外源JA/MeJA能够激发植物防御基因的表达，诱导植物的化学防御反应，产生与机械损伤和病原侵害相似的效果，可作为病原物、激发子及创伤诱导植物防卫基因表达的信号分子。近年来，有关JA/MeJA诱导植物抵御病原物胁迫的研究，围绕JA/MeJA诱导植物抗病的作用以及抗病机制的探索成为植物病理学和植物生理学等众多领域研究的热点。

第二部分　综合性创新试验教学案例设计

试验一　茉莉酸甲酯诱导水稻
抗白叶枯病的效应

1　试验背景

　　MeJA是新发现的一种植物激素，为植物诱导抗病研究领域应用较广的一种高活性激发子，在诱导植物抗病性方面的作用已备受人们关注。大量试验证实，JAs作为植物抗病反应的重要信号分子激活与植物抗病反应相关的防御保护机制，诱导植物产生对多种病害的系统获得抗性（SAR），并且增强植物抗食草性害虫及非生物胁迫的能力。研究者利用MeJA成功诱导了马铃薯、番茄、烟草、香蕉和松树等植物的抗病性。研究者发现MeJA能有效提高广东高州普通野生稻幼苗对稻瘟病的抗性。另有试验利用外源MeJA处理抗稻瘟病近等基因系水稻，稻瘟病显著减轻，但MeJA对稻瘟病菌菌丝生长和孢子萌发并无明显抑制作用，证实MeJA处理后稻瘟病病情指数下降是由于MeJA提高了水稻幼苗本身的抗病能力，其重要防御酶活性与诱导活性密切相关。MeJA处理激活了9个抗病相关基因的表达，从而提高了小麦对白粉病的抗性水平，且抗性增强与MeJA诱导的浓度和时间相关。

2　试验目的

　　外源MeJA诱导植物提高抗病性的研究主要集中在植物真菌、病毒和线虫等病害方面，有关MeJA诱导水稻抗细菌性病害及相关防御酶活性变化的研究报道较少。最近，我们发现外源MeJA处理能有效诱导水稻抗细菌性条斑病。为进一步探索MeJA对诱导水稻抗白叶枯病的抗病能力，本研究以两种不同抗白叶枯病水平的水稻品种为试验材料，通过MeJA浸种和幼苗喷雾两种处理措施，测定MeJA对水稻幼苗的白叶枯病病情指数、白叶枯病病菌的抑菌效果，以期为利用MeJA诱导水稻抗白叶枯病的防病途径提供理论依据。

3　试验材料

3.1　水稻幼苗

抗病品种"嘉早312"和感病品种"温229"，均由江西农业大学作物生理生态与遗传育种实验室提供。采用常规浸种催芽方法，选取发芽一致的水稻种子播至24 cm×34 cm×20 cm塑料盆中，每行4丛，每丛5棵，共4列（行间距为5 cm×7 cm），于25～30 ℃、光周期12 L∶12 D的生长室中培养，至5叶1心期待用。

3.2　白叶枯病菌

江西农业大学植物病理实验室保存菌种。−80 ℃冷冻保存，试验前于NA培养基（配方：牛肉膏3.0 g，蛋白胨5.0 g，葡萄糖20.0 g，琼脂17.0 g，蒸馏水1000 mL，pH7.0）上活化，28 ℃培养48 h，12000 r/min离心10 min，去除上清液，配制浓度为$5×10^8$ cfu/mL的菌液，接种待用。

3.3　MeJA

购自美国Sigma公司，先以少量二甲基亚砜（DMSO）溶解，再用含0.1%吐温-80的蒸馏水配成10 mmol/L的溶液备用。

4　试验仪器

超净工作台、人工气候箱、显微镜、恒温培养箱、灭菌锅、电子天平等。

5　试验步骤

5.1　MeJA对白叶枯病菌的活性测定

取100 μL浓度为$5×10^8$ cfu/mL的白叶枯病菌菌液涂板，灭菌牛津杯放置于平板中央，将浓度分别为0.05、0.1、0.5、1.0、2.0 mmol/L的MeJA经0.2 μm细菌微孔滤膜过滤后取100 μL滴入牛津杯内，28 ℃下培养，48 h后观察抑菌圈大小。每处理重复3次，对照为含0.1%吐温-80的无菌蒸馏水。

5.2　MeJA浸种诱导水稻幼苗抗白叶枯病的效应

5.2.1　水稻种子处理

水稻种子先用10%的次氯酸钠浸泡1 h进行表面消毒，自来水冲洗后再用蒸馏水冲洗，设置两组试验。第一组：用浓度分别为0.0008、0.004、0.02、0.1、

0.5 mmol/L 的 MeJA 溶液浸泡 24 h（12 h 后更换相应浓度 MeJA 溶液）；第二组：用浓度为 0.004 mmol/L 的 MeJA 溶液浸种 12、24、36、48 h，方法同上。处理完后蒸馏水冲洗 3 次后备用，比较 MeJA 浸种浓度和时间对诱导水稻幼苗抗白叶枯病的影响。

5.2.2　水稻幼苗生长

先加入 5 mL 蒸馏水湿润滤纸，将按 5.2.1 方法处理后的水稻种子置于垫有滤纸的培养皿中，放入（30±1）℃人工气候箱中催芽。水稻幼苗栽培同 3.1，至 5 叶 1 心期待用。

5.2.3　水稻幼苗接种

用灭菌剪刀蘸取浓度为 5×10^8 cfu/mL 白叶枯病菌菌液剪去幼苗叶尖 1.0 cm，每株接种 2～3 片叶。对照喷施含 0.1% 吐温 -80 的无菌蒸馏水。每处理 3 个重复，每重复 1 盆，每盆 80 株，置于 25～30 ℃、相对湿度 90% 以上的发病室观察，探索 MeJA 诱导水稻幼苗抗白叶枯病的适宜浓度。

接种后第 15～21 天，当对照病情发展趋于稳定时，每处理调查 15 片叶，逐叶测量被剪水稻叶片的病斑长度和叶片全长，按分级标准记录病情并计算病情指数和诱导效果：

$$病情指数 = \frac{\sum(各级病叶数 \times 该病级值)}{调查总叶数 \times 最高级值} \times 100\%$$

$$诱导效果 = \frac{对照组病情指数 - 处理组病情指数}{对照组病情指数} \times 100\%$$

5.3　MeJA 喷雾幼苗对水稻抗白叶枯病的效应

5.3.1　不同浓度 MeJA 对诱导抗病的效应

将浓度为 0.05、0.1、0.5、1.0、2.0 mmol/L 的 MeJA 喷雾至 3.1 培养的 5 叶 1 心期的水稻幼苗上，使植株的全部叶片湿润，处理 48 h 后接种白叶枯病病菌，方法同 5.2.3。

5.3.2　MeJA 处理后不同时间接种对诱导抗性的效应

以浓度为 0.1 mmol/L 的 MeJA 喷雾处理水稻幼苗，对照喷施含 0.1% 吐温 -80 的无菌蒸馏水，于处理后 0、24、48、72、96 h 后接种，方法同 5.2.3，测定 MeJA 诱导水稻幼苗抗白叶枯病的抗性持久期。

5.4　MeJA 喷雾处理与接种顺序对水稻幼苗抗白叶枯病的作用

试验分 4 组处理。第一组：水稻幼苗接种浓度为 5×10^8 cfu/mL 白叶枯病菌，作为对照；第二组：水稻幼苗先用 0.1 mmol/L 的 MeJA 喷雾，48 h 后再接种白叶枯病菌；第三组：水稻幼苗用 0.1 mmol/L 的 MeJA 喷雾同时接种白叶枯病菌；第四组—水稻幼苗先接种白叶枯病菌，48 h后再用0.1 mmol/L的MeJA喷雾。其余方法同5.2.3。

5.5　数据统计与分析

试验采用完全随机设计，采用Excel 2003和DPS 7.05统计软件进行数据分析处理，用单因素方差分析统计各处理平均值的差异，Duncan氏新复极差法比较各处理间的差异显著性。使用Origin Pro 8.5软件作图。

6　试验结果

6.1　MeJA对白叶枯病菌的抑菌活性

由图1-1可知，白叶枯病菌涂板，48 h后观察比较培养皿中央牛津杯周围抑菌圈大小，处理和对照均无明显抑菌圈，说明浓度为0.05～2.0 mmol/L的MeJA对白叶枯病菌并没有直接抑制作用。

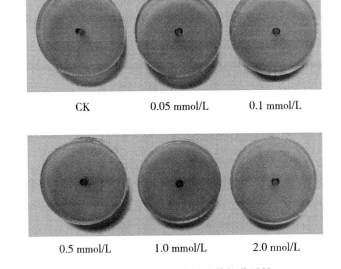

图1-1　MeJA对白叶枯病菌抑菌活性

6.2　MeJA对水稻幼苗抗白叶枯病的诱导效应

6.2.1　MeJA浸种诱导水稻幼苗抗白叶枯病的效应

从图1-2可知，MeJA浸种可诱导水稻幼苗抗白叶枯病，诱导效果与MeJA浸种的浓度有关，不同抗性的水稻品种对MeJA反应有差异。抗病品种"嘉早312"的诱导效果高于感病品种"温229"，随MeJA浓度增大，两水稻品种的诱导抗性先增强后减弱，当MeJA为0.004 mmol/L时达最大值，"温229"和"嘉早312"诱导效果分别为45.09%和54.42%，说明MeJA浸种诱导水稻幼苗抗白叶枯病有一定浓度范围（图1-2A）。MeJA浸种时间以24 h诱导效果最好，"温229"和"嘉早312"诱导效果分别为41.67%和50.91%；当浸种时间超过24 h，诱导效果急剧下降，至48 h时"温229"和"嘉早312"诱导效果分别仅为6.49%和7.20%（图1-2B）。

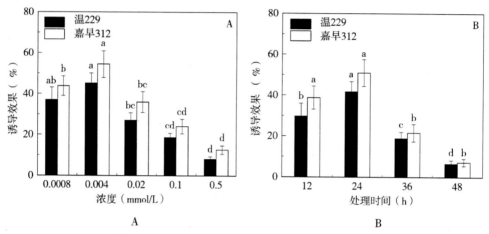

图1-2　MeJA浸种对水稻幼苗抗白叶枯病的效应

注：图柱上方不同小写字母表示处理间经Duncan氏新复极差法检验，在 $P<0.05$ 水平差异显著。

6.2.2　MeJA喷雾处理对诱导水稻幼苗抗白叶枯病的效应

如图1-3和表1-1所示，0.05～2.0 mmol/L MeJA喷雾均能降低水稻幼苗白叶枯病病情指数，以0.1 mmol/L的MeJA诱导水稻抗白叶枯病效果最好，"温229"和"嘉早312"的诱导效果分别为73.18%和70.43%；此后，诱导效果随着处理浓度的增加反而下降，当浓度升高至2.0 mmol/L时，水稻幼苗甚至部分出现黄萎现象，诱导效果分别仅为9.90%和6.06%。MeJA喷雾处理水稻幼苗后不同时间接种白叶枯病菌对诱导效果影响显著。

从表1-2可知，感病品种"温229"和抗病品种"嘉早312"均表现为MeJA处理后48 h接种诱导效果最好，分别为74.13%和66.51%。处理后96 h接种，其诱导效果随后迅速下降，依次为5.57%和7.73%。以上试验结果说明，MeJA诱导水稻幼苗抗白叶枯病与其浓度有关，且有一定的时间持续范围。

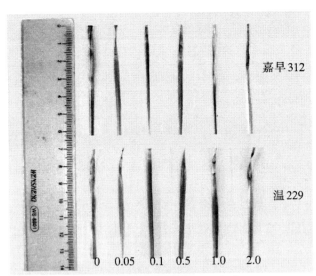

MeJA浓度（单位:mmol/L）

图1-3　MeJA对水稻抗白叶枯病的诱导效应

表1-1　MeJA喷雾浓度对诱导水稻幼苗抗白叶枯病效应的影响

MeJA浓度 (mmol/L)	病情指数		诱导效果（%）	
	温229	嘉早312	温229	嘉早312
0.0（CK）	53.57±0.70a	39.66±1.15a	0	0
0.05	20.75±0.71d	26.82±1.41c	61.27±1.74b	32.31±4.75c
0.1	14.36±0.99e	11.70±1.12e	73.18±2.14a	70.43±3.63a
0.5	21.55±0.82d	19.59±1.17d	59.76±1.97b	50.54±4.28b
1.0	55.56±0.66c	28.38±1.47c	33.60±2.11c	28.48±2.04c
2.0	48.25±1.25b	37.25±10.52b	9.90±3.22d	6.06±3.85d

注：表中数据为平均数±标准差。同列数据后不同字母表示经Duncan氏新复极差法检验在$P<0.05$水平差异显著。

表1-2　MeJA喷雾处理后接种时间对水稻幼苗抗白叶枯病效应的影响

MeJA处理时间 (h)	病情指数		诱导效果（%）	
	温229	嘉早312	温229	嘉早312
0.0（CK）	59.77±1.93a	37.89±3.73a	0	0
24	26.38±4.19c	29.84±2.85bc	55.95±6.23b	29.89±3.35b
48	15.22±1.88d	12.73±2.26d	74.13±3.44a	66.51±3.58a

续表1-2

MeJA 处理时间（h）	病情指数		诱导效果(%)	
	温229	嘉早312	温229	嘉早312
72	36.76±3.39b	27.41±4.12c	38.37±7.06c	27.77±7.30b
96	56.49±4.03a	34.97±3.59ab	5.57±2.18d	7.73±1.45c

注：表中数据为平均数±标准差。同列数据后不同字母表示经Duncan氏新复极差法检验在P<0.05水平差异显著。

6.2.3　MeJA喷雾处理与接种顺序对水稻幼苗抗白叶枯病的影响

如表1-3可知，MeJA喷雾处理与接种顺序对水稻幼苗抗白叶枯病的影响不同，与对照比较差异达显著水平。水稻幼苗先用0.1 mmol/L的MeJA喷雾，48 h后接种白叶枯病菌，感病品种"温229"和抗病品种"嘉早312"诱导效果分别为65.70%和72.60%。水稻幼苗用MeJA喷雾的同时接种白叶枯病菌，感病品种"温229"和抗病品种"嘉早312"诱导效果分别为53.17%和58.30%。水稻幼苗先接种白叶枯病菌，48 h后用MeJA喷雾处理，感病品种"温229"和抗病品种"嘉早312"诱导效果分别为44.77%和32.17%。表明病原菌接种和MeJA处理的先后顺序对白叶枯病的诱导效果有显著影响。

表1-3　MeJA喷雾处理与接种顺序对水稻幼苗抗白叶枯病的影响

处理	病情指数		诱导效果(%)	
	温229	嘉早312	温229	嘉早312
1	70.76±3.55a	49.79±1.51a	0.00	0.00
2	24.14±5.27c	13.67±1.66d	65.70±8.82a	72.60±2.49a
3	33.07±1.98b	20.71±2.72c	53.17±4.29ab	58.30±6.20b
4	38.91±4.03b	33.69±4.52b	44.77±8.27b	32.17±10.10c

注：表中数据为平均数±标准差。同列数据后不同字母表示经Duncan氏新复极差法检验在P<0.05水平差异显著。

7　试验讨论

本试验结果表明，0.05~2.0 mmol/L MeJA对水稻白叶枯病菌并无直接抑菌效果，但却可显著降低水稻幼苗的病情指数，MeJA具有诱导水稻幼苗抗白叶枯病的效应。大量研究表明，MeJA 作为信号分子，参与植物对稻瘟病菌、香蕉抗枯萎病和柑橘青霉病菌等病原微生物逆境胁迫做出的应答并进行信号传递，激发植株体内原来处于蛰伏状态的防御系统，诱导植物的抗病反应，提高植物抵御病原菌侵入的能力。我们在报道 MeJA 对水稻细菌性条斑病的诱导抗性的基础上，又首次获得了 MeJA 诱导水稻对白叶枯病抗性的证据。根据前人研究，MeJA 在植物对坏死营养型病原物的基础和诱导抗性中发挥了重要作用，如提高番茄抗灰霉病和苹果抗青霉病等，但对活体营养型病原物的抗性表现有不同的研究报道，如MeJA 处理不能增强拟南芥对寄生霜霉菌的抗性，却能诱导大麦对白粉病菌的系统抗性。MeJA 对水稻白叶枯病活体营养型病原物的抗性诱导支持了对活体营养型病原物有抗性的证据。

在本试验中，MeJA 浸种处理以 0.004 mmol/L 诱导效果最佳，浸种时间以 24 h 诱导效果最好；MeJA 喷雾处理最佳诱导效果的浓度为 0.1 mmol/L，接种前 48 h 用 MeJA 喷雾处理，诱导效果最佳，当浓度升高至 2.0 mmol/L 时，水稻幼苗部分出现黄萎现象，诱导效果迅速下降，这与 MeJA 诱导水稻抗稻瘟病结果类似，说明 MeJA 诱导抗病效果有一定的浓度要求和时间持续性。研究者在试验中发现，当植物体内 JA 积累达正常水平的 50 倍以上时，即可启动表达体内抗病防卫反应基因特定的防卫蛋白并活化，产生强烈的非特异性防御反应，从而使植物表现出强烈的抗病性。本试验中接种前不同时间以不同浓度 MeJA 处理水稻种子或幼苗，诱导效果各异，原因可能是植物体内 JA 的积累需要一定浓度外源 MeJA 诱导，并需要一定时间以激发相关防卫基因表达水平达到峰值，使抗病效果最佳。浓度过高，超过了植物本身的耐受力而导致药害，致使植株黄萎死亡；时间过长，植株体内 MeJA 或 JA 逐渐被消耗，诱导的防卫基因表达下降，抗病性降低。

本试验结果表明，病原菌接种和 MeJA 处理的先后顺序对白叶枯病的诱导效果有显著影响，其中诱导效果最佳的处理方式为水稻幼苗先用 MeJA 处理再接种，"温 229" 和 "嘉早 312" 的诱导效果分别为 65.70% 和 72.60%。郭娟华等利用生防菌 YS-1 菌株诱导柑橘抗青霉病，结果发现先用 YS-1 处理再接种青霉菌的诱导效果最好。两研究结果类似，暗示在外源激发子 MeJA 诱导水稻抗病过程中，白叶枯病发病降低的原因可能是 MeJA 诱导了水稻潜在的防御系统，并非直接抑制白叶枯病菌侵入和扩展，水稻经 MeJA 预先处理后再接种，使植物得以成功启动防御系统以抵御病菌的侵入，从而降低了白叶枯病的发生。前人研究报道 MeJA 诱导植物抗病，主要通过喷雾的方式提高植物抗病性。本试验结果表明，MeJA 通过喷雾和浸种处理均可诱导水稻幼苗抗白叶枯病。尽管本试验中浸种处理诱导效果普遍低于喷雾处理，但因 MeJA 价格昂贵等因素，其在实际应用中受到严重制约，而浸种比喷雾用量少而成本低，操作简单且受环境条件影响小，将其应用于水稻抗白叶枯病等生产实践中具有更大的推广潜力，对外源激素 MeJA 等诱导植物抗病研究具有重要理论和实践意义。

有研究表明，外源激发子诱导植物抗病包括诱发植物形态结构改变、生理指标变化以及抗病基因表达等系列病原-寄主互作过程。SA 处理可保护梨叶片表皮细胞完整性及叶绿体形态和数量，从而增强了梨对黑斑病的抗性。MeJA 处理提高了水稻防御酶活性，从而减轻了稻瘟病的发生，该结论与利用 MeJA 诱导香蕉抗枯萎病的结果一致。研究者发现 MeJA 诱导小麦抗白粉病是因为 MeJA 激发了小麦 9 个抗病基因的表达。本试验中 MeJA 增强水稻抗白叶枯病的作用是否与其诱导水稻叶片形态结构改变、促进抗病物质积累以及激发抗病基因表达有关，还有待进一步探索。

试验二　MeJA对水稻幼苗抗病相关形态结构的影响

1　试验背景

植物的特殊形态结构与其抗病性密切相关。寄主植物通过自身或外源物质诱导使其形态结构发生改变而产生物理障碍，从而机械阻碍病原菌的侵染，包括寄主植物表面蜡质层、角质层、木栓层、表皮毛等。皮层细胞壁钙化减缓了病菌果胶酶水解作用对寄主细胞的伤害，木栓化组织导致细胞壁和细胞间隙充满木栓质等，这些形态结构都有助于植物抵御病原菌的侵入，而大豆对病毒病的抗性与叶片蜡质含量呈显著正相关。梨对黑星病及柑橘对溃疡病等抗性的研究亦证实植物海绵组织、栅栏组织以及气孔等结构与其抗病性密切相关。此外，研究者在维管束病害棉花黄萎病中发现，棉花导管解剖结构参与了抗枯萎病，与感病品种相比，抗病品种的根茎部导管细胞壁厚、直径小、数目多，有助于抵御棉花黄萎病菌的侵入与扩展。

水稻白叶枯病是一种典型的维管束病害，病原细菌从叶缘水孔或叶、根、茎的伤口侵入后通过靠近水孔的管胞，进入大小叶脉的导管，引起寄主发病。与水稻抗白叶枯病相关的叶片解剖结构包括蜡质层、叶肉组织、薄壁细胞、表皮细胞、表皮毛、维管束以及厚壁组织等。感白叶枯病品种水稻成株期接种叶片维管组织结构紊乱，叶肉组织解体，导管中出现的不同形态物质阻止了病菌进一步侵染和繁殖。另有试验证实木质部次生细胞壁增厚参与疣粒野生稻对黄单胞杆菌水稻变种的抗性。

大量研究表明，植物除上述本身固有的组织结构抗病外，外源诱导物刺激后亦可产生抗病相关结构抵御病原菌的侵入。SA诱导辣椒木质素含量的增高与对疫病的抗性成正相关，而SA诱导梨抗黑斑病试验则表明，SA处理叶片的栅栏组织细胞整齐程度以及叶绿体数量均优于对照，说明SA处理后辣椒木质素的产生以及梨叶片细胞功能的增强均有利于抵御病原微生物的侵入。与SA类似，MeJA诱导植物产生植保素和木质素等物质，使伤害部位形成木质化结构及化学屏障，从而限制病原菌的扩展。

2 试验目的

前人对MeJA诱导植物提高抗病性机制研究多集中在物质代谢以及抗病基因表达等方面，有关MeJA诱导植物发生形态结构改变与抗病性关系的报道较少。为了探讨MeJA诱导水稻抗白叶枯病与植株抗病形态结构的关系，本试验以对水稻白叶枯病不同抗性的常规水稻品种"温229"（感白叶枯病）和"嘉早312"（抗白叶枯病）为材料，在前一试验MeJA浸种和喷雾对水稻幼苗抗白叶枯病的作用基础上，探索MeJA浸种对水稻幼苗生长及MeJA喷雾对叶片抗病相关形态结构的作用与其诱导水稻抗病性之间的关系，为进一步研究MeJA诱导植物抗病等生理功能及其机制研究提供理论依据。

3 试验材料

3.1 水稻幼苗

抗病品种"嘉早312"和感病品种"温229"，均由江西农业大学作物生理生态与遗传育种实验室提供。采用常规浸种催芽方法，选取发芽一致的水稻种子播至24 cm×34 cm×20 cm塑料盆中，每行4丛，每丛5棵，共4列（行间距为5 cm×7 cm），于25～30 ℃、光周期12 L∶12 D的生长室中培养，至5叶1心期待用。

3.2 白叶枯病菌

江西农业大学植物病理实验室保存菌种。−80 ℃冷冻保存，试验前于NA培养基（配方：牛肉膏3.0 g，蛋白胨5.0 g，葡萄糖20.0 g，琼脂17.0 g，蒸馏水1000 mL，pH7.0）上活化，28 ℃培养48 h，12000 r/min离心10 min，去除上清液，配制浓度为$5×10^8$ cfu/mL的菌液，接种待用。

3.3 MeJA

购自美国Sigma公司，先以少量二甲基亚砜（DMSO）溶解，再用含0.1% 吐温-80的蒸馏水配成10 mmol/L的溶液备用。

4 试验仪器

超净工作台、人工气候箱、显微镜、恒温培养箱、灭菌锅、石蜡包埋机、石蜡切片机、显微镜数码摄像系统、电子天平等。

5 试验步骤

5.1 水稻种子处理

水稻种子用10%的次氯酸钠浸泡1 h进行表面消毒，自来水冲洗后再用蒸馏水冲洗，设置两组试验。第一组：将浓度为 0.00016、0.0008、0.004、0.02 和 0.1 mmol/L 的 MeJA 溶液浸种 24 h，比较 MeJA 浸种浓度对水稻种子萌发和幼苗生长的影响；第二组：将浓度为 0.0008 mmol/L 的 MeJA 溶液浸种 12、24、36、48 h，比较 MeJA 浸种时间对水稻种子萌发和幼苗生长的影响。每 12 h 更换相应的 MeJA 溶液，处理完后蒸馏水冲洗 3 次后备用。

5.2 水稻种子萌发

将处理好的种子置于含蒸馏水润湿滤纸的培养皿中，每皿 90 粒，每样品重复 3 次，25 ℃条件下培养发芽。逐日记录发芽数（以芽长超过种子长度的一半为发芽标准），按以下公式统计种子发芽势、发芽率和发芽指数：

发芽势＝（5 d 内正常发芽的种子数/供试种子总数）×100%

发芽率＝（7 d 内正常发芽的种子数/供试种子总数）×100%

发芽指数＝$\sum G_t/D_t$

式中，G_t 为在 t 日内的发芽数，D_t 为相应的发芽日数。

5.3 水稻幼苗生长

将 5.1 方法处理后的水稻种子置于垫有滤纸的培养皿中，放入（30±1）℃人工气候箱中催芽，待种子露白后，采用国际上常用的沙培法培养。培养皿内先放入 50 g 灭菌沙，然后放置 90 粒催芽种子，每个处理 3 次重复，置于 25～30 ℃、光周期 12L∶12D 的生长室中培养。

5.4 水稻幼苗相关指标测定

在水稻幼苗长至 5 叶 1 心期，每盆随机取样，调查有代表性的 20 株水稻苗，测量株高、根长、总根数、白根数以及地上和地下部分的鲜质量、根冠比和茎基宽，比较不同处理对水稻秧苗生长的影响。

5.5 叶片解剖结构观察

5.5.1 水稻幼苗叶片处理

水稻幼苗培养同 5.1。幼苗 5 叶 1 心期，将 10 mL 浓度为 0.1 mmol/L 的 MeJA 溶液（含 0.05% 吐温-20）喷雾水稻幼苗至湿润，对照喷雾含 0.05% 吐温-20 的蒸馏水。每处理 3 个重复，每重复 80 株，处理当天及处理后第 15 天后取样。

5.5.2 试剂配制

（1）席夫试剂：称取 0.5 g 碱性品红溶于 100 mL 蒸馏沸水中，搅拌煮 5 min，冷却至 50 ℃过滤，加入 10 mL 浓度为 1 mol/L 盐酸后置棕色细口瓶中；冷却至 25 ℃再加入 0.5 g 的 $Na_2S_2O_5$ 或 $K_2S_2O_5$，其间加入 2 g 活性炭搅动 1 min，调节颜色至无色或淡茶色；过滤，密封于棕色细口瓶中于黑暗阴凉处或 4～8 ℃冰箱中保存，24 h 后备用。

（2）漂洗液：1 mol/L盐酸：10%的$Na_2S_2O_5$（或$K_2S_2O_5$）水溶液：蒸馏水按体积比为1:1:20混合，随用随配。

（3）明胶粘片剂：取36℃100 mL蒸馏水缓慢加入1 g粉末状明胶中，待完全溶解后再加入2 g结晶碳酸及15 mL丙三醇，搅拌使之完全溶解，过滤后于玻璃瓶中保存。

（4）HIO_4溶液：称取0.5 g HIO_4溶解于100 mL蒸馏水中，置棕色瓶中备用。

5.5.3　石蜡切片取样

剪取5.5.1处理的水稻幼苗叶片中部约2 cm段置于装有FAA固定液的安培瓶中，固定24 h以上并保存，参考徐长帅（2012）的方法，稍调整。

5.5.4　石蜡切片制作

（1）取材与固定：按5.5.3方法。

（2）冲洗：固定液中样品先用蒸馏水洗涤3次，再依次用30%、50%、70%的乙醇各静置0.5 h，后置70%乙醇中保存。

（3）脱水：冲洗后保存于70%乙醇中的样品，依次经过83%乙醇2.0 h、95%乙醇2.0 h和无水乙醇3 h（中间换2次）脱水。

（4）透明：样品先置无水乙醇和二甲苯（$V:V=1:1$）混合液中2 h，后置纯二甲苯中3 h，中间需换洗一次。

（5）浸蜡：装有样品的安培瓶置35～38℃恒温箱中，逐步加石蜡蜡屑至饱和，置35～38℃温箱中24 h以上。

（6）包埋：将温箱温度调至56～60℃静置1 h，打开安培瓶盖，待含有二甲苯的石蜡充分熔解后换以熔解的纯石蜡，每1 h换纯石蜡一次，计3次。此后开始包埋，包埋时将纸盒置70℃水浴锅上预热的玻璃板上，迅速将安培瓶中石蜡及样品倒入纸盒中，用镊子按要求调整样品位置。待纸盒表层石蜡冷凝后移至冷水中，0.5 h后取出。

（7）修饰与切片：修整冷凝蜡块，确保材料不暴露及蜡块表面平整。把修整好的蜡块固定在切片机卡口中，调整切片厚度为10 μm，切取完整蜡带。

（8）展片、粘片与烘片：从蜡带左、中、右侧随机切取完整小块蜡带，用毛笔粘小块蜡带置45℃左右含少许甲醛的蒸馏水液面上，待蜡带充分展开。将明胶粘片剂滴在干净的载玻片上涂成薄层，稍倾斜插入蒸馏水液面下，使蜡带平整黏附于载玻片上，去除多余水后置38℃温箱烘片。

（9）脱蜡与染色：采用高碘酸-席夫反应法（PAS法）。烘片后样品依次经纯二甲苯10 min→二甲苯：无水乙醇混合液（$V:V=1:1$）10 min→无水乙醇5 min→95%乙醇5 min→85%乙醇5 min→70%乙醇5 min→50%乙醇5 min→30%乙醇 5 min→水 5 min→自来水冲洗 5 min→0.5% 高碘酸水溶液 10 min→蒸馏水 3 s→席夫试剂 15 min→漂洗液 3 次（每次 1 min）→自来水冲洗 2 min→蒸馏水 2 min→30% 乙醇 5 min→50% 乙醇 5 min→70% 乙醇 5 min→85% 乙醇 5 min→95% 乙醇 5 min→无水乙醇 2 次（每次 5 min）→二甲苯：无水乙醇混合液（$V:V=1:1$）5 min→二甲苯 2 次（每次 5 min）→晾干。

（10）封片与观察：挑取效果较好的切片用中性树胶封片，置显微镜下观察。

5.5.5　水稻叶片组织学结构观察

在光学显微镜下观察叶片表皮结构及叶肉组织。选取 5 个主脉及两侧对称维管束，导入形态学图像分析系统，用奥特显微图像处理软件 MiE V3.1 测量主脉维管束、侧脉维管束及导管长 a 和宽 b，参考宋俊乔等方法计算维管束面积（宋俊乔，2010；王锋尖等，2013），测量大维管束长 a 和宽 b（$S_{维管束/导管}=\pi ab/4$），并用显微镜数码摄像系统进行显微拍照。

5.6　数据统计与分析

试验采用完全随机设计，采用 Excel 2003 和 DPS 7.05 统计软件进行数据分析处理，用单因素方差分析统计各处理平均值的差异，Duncan 氏新复极差法比较各处理间的差异显著性。使用 Origin Pro 8.5 软件作图。

6　试验结果

6.1　MeJA 浸种对水稻种子萌发的影响

6.1.1　MeJA 浸种浓度对水稻种子萌发的影响

从表 2-1 和图 2-1 可知，水稻种子经不同浓度 MeJA 处理后，其发芽率、发芽势和发芽指数在 MeJA 浓度为 0.00016～0.1 mmol/L 范围内随其浓度先升高后降低，与对照相比差异达显著水平。当 MeJA 浓度为 0.0008 mmol/L 时，水稻种子发芽率、发芽势和发芽指数均达到最高值，其中"温229"最大发芽率、发芽势和发芽指数分别比对照增加 14.21%、21.30% 和 38.25%，"嘉早 312"依次比对照增加 13.07%、18.52% 和 22.93%。

表 2-1　MeJA 浸种浓度对水稻种子萌发的影响

品种	浓度(mmol/L)	发芽率(%)	发芽势(%)	发芽指数
温229	CK	85.44±3.92c	67.55±4.37c	39.29±1.73b
	0.00016	92.85±0.93b	75.54±0.77b	44.01±3.17ab
	0.0008	97.58±0.81a	81.94±1.90a	50.17±2.69a

续表2-1

品种	浓度（mmol/L）	发芽率（%）	发芽势（%）	发芽指数
温229	0.004	90.80±1.40b	73.43±1.36b	40.89±2.49b
	0.02	74.44±2.43d	58.19±1.37d	24.32±3.32c
	0.1	36.24±2.35e	19.13±2.14e	14.11±2.42d
嘉早312	CK	82.95±3.21c	64.37±2.91c	41.35±2.26b
	0.00016	88.12±1.10b	69.43±1.93b	45.35±3.10ab
	0.0008	93.79±0.93a	76.29±3.14a	50.83±2.16a
	0.004	86.98±1.64bc	63.44±2.20c	33.54±3.44c
	0.02	70.35±2.87d	49.47±3.23d	25.67±2.03d
	0.1	25.74±3.54e	13.58±4.33e	13.73±1.78e

注：同一品种同列数据后不同字母表示经 Duncan 氏新复极差法检验在 $P<0.05$ 水平差异显著。

图2-1　MeJA浸种浓度对水稻种子萌发的影响

注：1～6依次表示CK、0.00016、0.0008、0.004、0.02、0.1 mmol/L MeJA处理"温229"；
7～12依次表示CK、0.00016、0.0008、0.004、0.02、0.1 mmol/L MeJA处理"嘉早312"。

6.1.2　MeJA浸种时间对水稻种子萌发的影响

如表2-2所示，0.0008 mmol/L的MeJA浸种12、24、36和48 h后，水稻种子发芽率、发芽势和发芽指数均较对照显著提高。但在浸种48 h内，各浸种时间之间的发芽率、发芽势和发芽指数大部分表现差异不显著，感、抗水稻品种间差异较小。

表2-2　MeJA浸种时间对水稻种子萌发的影响

品种	时间(h)	发芽率(%)	发芽势(%)	发芽指数
温229	CK	83.50±1.68d	63.58±1.56b	37.63±1.57b
	12	92.51±0.82c	74.59±4.38a	47.03±6.25a
	24	97.58±0.81ab	76.99±0.75a	54.49±4.47a
	36	94.81±0.66b	75.59±1.15a	46.33±4.35a
	48	91.42±1.25c	72.17±5.80ab	47.09±4.17a
嘉早312	CK	84.35±1.76c	63.57±0.87b	36.32±1.48b
	12	97.37±0.86a	74.58±4.15a	49.79±1.61a
	24	98.34±0.78a	73.67±4.81a	49.18±3.68a
	36	97.20±1.25a	75.88±2.75a	45.73±4.63a
	48	93.79±0.93b	75.75±0.34a	47.79±4.37a

注：同一品种同列数据后不同字母表示经Duncan氏新复极差法检验在$P<0.05$水平差异显著。

6.2　MeJA浸种对水稻幼苗生长的影响

6.2.1　MeJA浸种浓度对水稻幼苗生长的影响

从表2-3可知，"温229"除地上部鲜质量各MeJA浓度处理间差异不显著外，总根数、株高、根长、茎基宽、地上部鲜质量、地下部鲜质量和根冠比在0.00016～0.02 mmol/L范围内达最大值，随之下降；"嘉早312"以上指标最大值出现在0.0008～0.004 mmol/L之间。以上结果说明，低浓度MeJA溶液浸种促进两水稻品种幼苗总根数、株高、根长、茎基宽、地上部鲜质量、地下部鲜质量和根冠比，高浓度反之。

表2-3 MeJA浸种浓度对水稻幼苗生长的影响

品种	浓度 （mmol/L）	总根数	株高 （cm）	根长 （cm）	茎基宽 （cm）	地上部 鲜质量(g)	地下部 鲜质量(g)	根冠比
温229	CK	166.67ab	12.70b	7.87b	2.63bc	1.07a	0.71c	0.68c
	0.00016	165.00ab	14.70ab	7.63b	2.90a	1.17a	0.96ab	0.84ab
	0.0008	176.33a	14.20ab	7.83b	2.77ab	1.11a	0.99a	0.89a
	0.004	151.37bc	14.57ab	9.16ab	2.70ab	1.13a	0.90ab	0.92a
	0.02	146.54c	16.40a	10.17a	2.73ab	1.08a	0.80bc	0.75b
	0.1	139.68c	11.73b	8.67ab	2.47c	0.99a	0.82bc	0.74b
嘉早312	CK	170.00c	10.90b	4.47c	2.17c	0.7133c	0.37c	0.53b
	0.00016	155.67cd	14.00a	8.87b	2.50ab	0.7467c	0.51a	0.69a
	0.0008	143.67d	13.07ab	7.61b	2.47ab	0.8867a	0.48ab	0.53b
	0.004	234.33a	14.37a	9.78a	2.63a	0.8533ab	0.45ab	0.51b
	0.02	195.17b	12.13ab	7.34b	2.30bc	0.7667bc	0.44ab	0.56b
	0.1	145.67d	12.60ab	3.53c	2.23c	0.7867bc	0.39c	0.48c

注：同一品种同列数据后不同字母表示经Duncan氏新复极差法检验在$P<0.05$水平差异显著。

6.2.2 MeJA浸种时间对水稻幼苗生长的影响

两水稻品种经0.0008 mmol/L MeJA溶液分别浸种12、24、36和48 h后幼苗生长如表2-4所示。"温229"经不同时间浸种后幼苗株高、根长、地上部鲜质量与对照差异均不显著，而总根数在浸种时间为48 h最多，地下部鲜质量和根冠比最大值均出现在浸种24 h，但各处理间大部分表现不明显；"嘉早312"的茎基宽和地上部鲜质量根冠比各处理间无显著差异，在浸种24～48 h范围内，各指标随浸种时间延长逐渐升高，但大部分差异不明显。

表2-4 MeJA浸种时间对水稻幼苗生长的影响

品种	时间 （h）	总根数	株高 （cm）	根长 （cm）	茎基宽 （cm）	地上部 鲜质量(g)	地下部 鲜质量(g)	根冠比
温229	CK	149.00b	16.67a	7.20a	2.90a	0.99a	0.65c	0.67b
	12	142.00b	16.57a	7.07a	2.80ab	1.02a	0.89ab	0.87a
	24	151.67b	16.23a	7.83a	2.77ab	1.11a	0.99a	0.89a

续表2-4

品种	时间(h)	总根数	株高(cm)	根长(cm)	茎基宽(cm)	地上部鲜质量(g)	地下部鲜质量(g)	根冠比
温229	36	142.33b	16.13a	7.70a	2.607b	1.01a	0.84ab	0.83a
	48	168.67a	16.03a	7.43a	2.80ab	1.08a	0.73bc	0.69b
嘉早312	CK	170.00b	5.97c	7.37bc	2.33a	0.83a	0.31b	0.33c
	12	162.67b	7.21bc	8.87abc	2.30a	0.86a	0.43ab	0.52b
	24	155.67b	8.87b	9.00ab	2.17a	0.89a	0.51b	0.59ab
	36	223.33a	9.00b	11.20a	2.30a	0.75a	0.48a	0.65a
	48	235.21a	11.2a	6.33c	2.30a	0.79a	0.54a	0.67a

注：同一品种同列数据后不同字母表示经Duncan氏新复极差法检验在$P<0.05$水平差异显著。

6.3　MeJA喷雾处理对水稻叶片解剖结构的影响

MeJA诱导水稻幼苗后接种第0天和第15天叶片表皮结构和叶肉组织如图2-2所示。第0天，感病品种"温229"和抗病品种"嘉早312"处理组的表皮结构与对照组的表皮结构比较均无明显差异；第15天，两水稻品种经0.10 mmol/L MeJA处理后，与第0天比较，对照组叶肉组织结构逐渐疏松，而处理组叶肉组织结构比较完整。

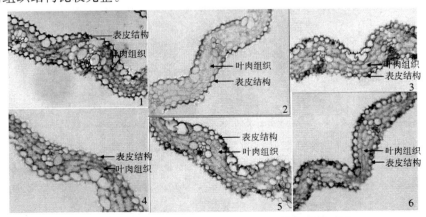

图2-2　MeJA对水稻叶片表皮结构和叶肉组织的影响

注：1、2和3分别表示感病品种"温229"处理当天、对照第15天和0.1mmol/L MeJA处理第15天的表皮结构和叶肉组织；4、5和6分别表示抗病品种"嘉早312"处理当天、对照第15天和0.1mmol/L MeJA处理第15天的表皮结构和叶肉组织。

　　水稻幼苗用0.1mmol/L的MeJA处理后第15天，处理组的主脉维管束、侧脉维管束和导管面积大部分低于对照组（图2-3）。处理后第15天，"温229"处理组主脉维管束、侧脉维管束和导管面积分别为对照组的84.76%、89.05%和81.01%（图2-3A、C、E），"嘉早312"处理组分别为对照组的84.61%、91.79%和78.40%（图2-3B、D、F）。上述结果表明，与对照相比，MeJA处理可显著缩小水稻叶片主脉维管束、侧脉维管束和导管面积。

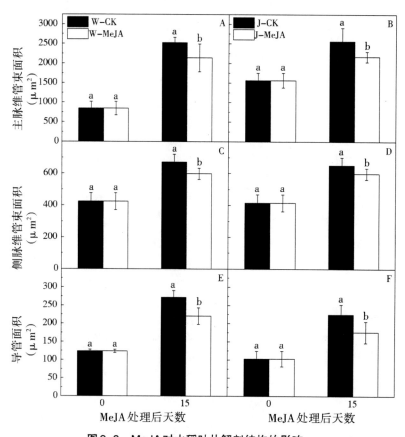

图2-3　MeJA对水稻叶片解剖结构的影响

　　注：（1）图柱上方不同小写字母表示处理经Duncan氏新复极差法检验，在$P<0.05$水平差异显著。（2）W-CK表示感病品种"温229"用含0.05%吐温-20的蒸馏水喷雾，W-MeJA表示感病品种"温229"用含0.05%吐温-20、浓度为0.1 mmol/L MeJA喷雾；J-CK表示抗病品种"嘉早312"用含0.05%吐温-20的蒸馏水喷雾，J-MeJA表示抗病品种"嘉早312"用含0.05%吐温-20、浓度为0.1 mmol/L MeJA喷雾；A、C和E依次表示感病品种"温229"的主脉维管束、侧脉维管束和导管面积，B、D和F依次表示抗病品种"嘉早312"的主脉维管束、侧脉维管束和导管面积。

由图2-3可知，感病品种"温229"的导管面积始终大于抗病品种"嘉早312"的导管面积，MeJA处理进一步扩大了感、抗品种间导管面积的差异。

7　试验讨论

本试验结果表明，MeJA浓度低于0.002 mmol/L时，MeJA浸种促进水稻种子萌发和幼苗生长，高于0.002 mmol/L时，则产生相反效果；在12～48 h范围内，MeJA浸种时间对水稻种子萌发和幼苗生长影响不明显。前人研究MeJA对种子萌发和幼苗生长的作用并不一致，如MeJA对拟南芥种子萌发和幼苗生长没有作用，但MeJA对水稻种子萌发和幼苗生长有促进作用；水稻侧根促进根吸收养分，JA参与调控水稻侧根的形成，血红素加氧酶和钙在MeJA诱导水稻侧根形成中发挥了重要作用。以上结果说明，MeJA对种子和幼苗生长的影响可能与MeJA处理浓度和植物种类有关。本研究结果为MeJA促进种子萌发和幼苗生长，从而增强水稻本身的抗病性提供了研究依据。

植物叶片表皮蜡质层和表皮毛等特殊形态结构不利于病菌萌发和侵入，与植株抗病密切相关。0.1 mmol/L的MeJA喷雾后15 d内观察水稻叶片组织结构，结果表明，MeJA对水稻叶片表皮结构如表皮毛及表皮解剖结构等作用不明显，但可显著缩小主脉维管束和导管面积等。研究者比较了云南疣粒野生稻对白叶枯病不同抗性材料的叶片蜡质层、表皮细胞及维管束等组织结构后，却发现高抗和感病材料间叶片显微结构差异并不明显，认为叶片解剖组织不同可能并不是造成抗性差异的根本原因。但研究者却证实黄单胞杆菌诱导了木质部次生细胞壁增厚，可能参与疣粒野生稻对白叶枯病的抗性。水稻白叶枯病是一种典型的通过维管束扩展的病害，维管束和导管面积缩小，阻碍了白叶枯病菌在水稻叶片内的扩展，MeJA处理后水稻白叶枯病发病减轻，可能与其缩小了幼苗叶片维管束和导管面积有关。

本试验结果表明，MeJA处理缩小了感病品种"温229"和抗病品种"嘉早312"的主脉维管束和侧脉维管束面积，但两品种间差异不显著，即水稻主脉维管束和侧脉维管束面积与其抗病性关系不明显，但导管面积与水稻抗病性呈正相关，原因可能是不同水稻品种的抗病机制可能不一样，有些水稻品种抗性与相关抗病形态结构关系不密切，有些水稻品种则可通过不同的形态结构抗病，如云南疣粒野生稻抗、感品种间叶片显微结构差异并不明显，但木质部次生细胞壁增厚却参与了疣粒野生稻抗白叶枯病。本试验中感病品种"温229"的导管面积大于抗病品种"嘉早312"的导管面积，MeJA处理进一步扩大了感、抗品种间导管面积的差异，可能是MeJA诱导水稻抗病的机制之一，有关MeJA诱导水稻抗白叶枯病与抗病相关酶以及分子水平等的关系有待进一步探索。

试验三　抗氧化酶活性对茉莉酸甲酯诱导水稻抗白叶枯病的响应

1　试验背景

植物在病原菌等逆境胁迫下，体内产生大量过氧化物自由基，影响植物正常的生理代谢，而植株体内POD、SOD、CAT等抗氧化酶系统，可清除过量的自由基和过氧化物，减轻活性氧对植物的伤害，LOX可通过非酶促方式启动膜脂过氧化，引起植物过敏反应，其代谢产物作为抗菌物质参与植物抗病过程。采后香蕉果实抗病性提高与CAT及APX等抗氧化酶活性增加密切相关，而玉米抗叶斑病与POD和SOD比活力的相关性试验结果进一步印证了以上结论。在硅诱导水稻抗白叶枯病的研究中，施硅显著提高了水稻叶片LOX和SOD的活性，降低了CAT、POD和APX的活性，此类抗氧化酶活性的改变有助于植株体内H_2O_2的积累，从而提高水稻对白叶枯病的抗性。

MeJA诱导植株抗逆境胁迫与抗氧化酶活性的关系已有大量报道。适宜浓度的MeJA可提高水稻SOD、POD和CAT等的活性，抑制H_2O_2和$\cdot O^{2-}$水平，降低MDA含量，保护冷胁迫下水稻幼苗对低温的抗性，该结论与JAs诱导黄瓜及石榴抗冷性的结果一致。另有试验证明MeJA参与植物对病原菌逆境胁迫的应答，提高植物抗氧化酶活性以增强植物抗逆水平。如MeJA处理烟草幼苗后，植株体内SOD等酶活性明显提高，降低了巴西烟草病毒病的发生；活性氧代谢参与了JA浸种诱导甜菜抗丛根病；外源MeJA处理抗稻瘟病近等基因系水稻，发现MeJA诱导了水稻活性氧迸发并显著提高了叶片内POD、CAT等酶活性，稻瘟病明显减轻。此外，MeJA诱导香蕉抗枯萎病和枇杷果实抗采后病害等均与SOD、POD和CAT等抗氧化酶活性密切相关。

2　试验目的

为进一步探索MeJA诱导水稻抗白叶枯病与抗氧化酶活性的关系，本试验拟以常规水稻品种"温229"（感白叶枯病）和"嘉早312"（抗白叶枯病）为试验材料，揭示MeJA处理对水稻幼苗叶片抗氧化酶活性及膜脂过氧化的影响，以期为阐明MeJA诱导水稻抗白叶枯病的机制提供理论依据。

3 试验材料

3.1 水稻幼苗

抗病品种"嘉早312"和感病品种"温229",均由江西农业大学作物生理生态与遗传育种实验室提供。采用常规浸种催芽方法,选取发芽一致的水稻种子播至24 cm×34 cm×20 cm塑料盆中,每行4丛,每丛5棵,共4列(行间距为5 cm×7 cm),于25～30 ℃、光周期12 L:12 D的生长室中培养,至5叶1心期待用。

3.2 白叶枯病菌

江西农业大学植物病理实验室保存菌种。-80 ℃冷冻保存,试验前于NA培养基(配方:牛肉膏3.0 g,蛋白胨5.0 g,葡萄糖20.0 g,琼脂17.0 g,蒸馏水1000 mL,pH7.0)上活化,28 ℃培养48 h,12000 r/min离心10 min,去除上清液,配制浓度为$5×10^8$ cfu/mL的菌液,接种待用。

3.3 MeJA

购自美国Sigma公司,先以少量二甲基亚砜(DMSO)溶解,再用含0.1%吐温-80的蒸馏水配成10 mmol/L的溶液备用。

4 试验仪器

超净工作台、人工气候箱、显微镜、恒温培养箱、灭菌锅、电子天平、超低温冰箱、冷冻离心机、制冰机、紫外-可见分光光度计、水浴锅等。

5 试验步骤

5.1 水稻种子处理与幼苗培养

水稻种子用10%的次氯酸钠浸泡1 h进行表面消毒,自来水冲洗后再用蒸馏水冲洗,再将水稻种子置于垫有滤纸的培养皿中,放入(30±1)℃人工气候箱中催芽,待种子露白后,采用国际上常用的沙培法培养。培养皿内先放入50 g灭菌沙,然后放置90粒催芽种子,每个处理3次重复,置于25～30 ℃、光周期12L:12D的生长室中培养。

5.2 水稻叶片的处理与取样

5.2.1 MeJA影响水稻幼苗叶片抗氧化酶活性的浓度效应

以浓度为0.05、0.1、0.5、1.0和2.0 mmol/L的MeJA喷雾处理5叶1心期的水稻幼苗,以0.1%吐温-80的无菌蒸馏水喷雾为对照,待植株全部叶片湿润后用塑料薄膜覆盖保湿。48 h后用灭菌剪刀蘸取菌液剪叶接种$5×10^8$ cfu/mL白叶枯病菌菌悬液，剪除各处理（含对照）的幼苗叶尖1.0 cm，每株接种2～3片叶，接种48 h后取各处理水稻叶片0.5 g冷冻保存（-80 ℃），用于酶活性测定。每处理3个重复，每重复1盆，每盆80株。

5.2.2 MeJA影响水稻幼苗叶片抗氧化酶活性的动态变化

以浓度为0.1 mmol/L的MeJA喷雾处理5叶1心期水稻幼苗，对照喷施含0.1% 吐温-80的无菌蒸馏水，试验设置6组处理：① "温229"：蒸馏水喷雾，用W-CK表示；② "温229"：蒸馏水喷雾+白叶枯病菌接种，用W-Xoo表示；③ "温229"：0.1 mmol/L MeJA喷雾+白叶枯病菌接种，用W-MeJA -Xoo表示；④ "嘉早312"：蒸馏水喷雾，用J-CK表示；⑤ "嘉早312"：蒸馏水喷雾+白叶枯病菌接种，用J-Xoo表示；⑥ "嘉早312"：0.1 mmol/L MeJA喷雾+白叶枯病菌接种，用J-MeJA -Xoo表示。每处理3个重复，每重复1盆，每盆80株。喷雾处理后48 h按试验一5.2.3的方法接种白叶枯病病菌。接种后第0、24、48、72、96小时取各组水稻叶片0.5 g冷冻保存（-80 ℃），用于酶活性测定。对照为含0.1% 吐温-80的无菌蒸馏水。其余方法同上。

5.3 生理生化指标测定

5.3.1 POD活性测定

粗酶液提取：采用愈创木酚法（Qin et al, 2005）。称取0.5 g水稻幼苗叶片样品置于研钵中，加入2.0 mL提取缓冲液，在冰浴条件下研磨成匀浆，将匀浆转入离心管中，用5 mL提取缓冲液分次冲洗研钵，合并提取液，于4 ℃、12000 r/min离心30 min，收集上清液并量其体积，即为酶提取液，低温保存备用。

酶活性测定：取一支试管，加入3.0 mL 25 mmol/L愈创木酚溶液和0.5 mL酶提取液，再加入200 μL 0.5 mol/L H_2O_2溶液迅速混合启动反应，同时计时。将反应混合液迅速倒入比色杯中，置分光光度计样品室中，15 s时记录波长470 nm处OD值为初始值，每1 min记录一次，连续测定6次以上，参比液为蒸馏水。根据OD_{470}值与时间的关系做线性回归方程，计算单位时间吸光度变化值ΔOD_{470}，每克样品（FW）每分钟吸光度变化值增加1为1个过氧化物酶活性单位，单位是$\Delta OD_{470}/min \cdot g$。

5.3.2 CAT活性测定

粗酶液提取：参考李合生方法并稍加改进。称取叶片0.5 g置预冷研钵中，加5 mL 4 ℃下预冷的50 mmol/L、pH7.8磷酸缓冲液和少量石英砂，含5 mmol/L二硫苏糖醇（DTT）和5%聚乙烯吡咯烷酮（PVP），研磨成匀浆后转入离心管，于4 ℃、12000 r/min离心15 min，上清液即为粗酶液，5 ℃下保存备用。

酶活性测定：反应体系含2.9 mL 20 mmol/L H_2O_2溶液和0.1 mL酶提取液。以蒸馏水为对照，在反应15 s时开始记录反应体系在240 nm处OD值为初始值OD$_0$，每30 s记录一次，连续测定6个以上数据，重复3次。每克样品（FW）每分钟吸光度变化值减少0.01时为1个CAT酶活性单位。

5.3.3　SOD活性测定

粗酶液提取：称取水稻幼苗样品0.5 g，经液氮研磨后加5 mL预冷的提取介质浸提，转移至25 mL容量瓶中，并用提取介质定容。取5 mL提取液于4 ℃、10000 r/min离心15 min，收集上清液。

活性测定：采用NBT还原法测定（李合生，2006）。取7支试管置于试管架上，3支测定管，3支光下对照，1支暗中对照（调零），依次加入0.05 mol/L、pH7.8 H$_3$PO$_4$缓冲液1.5 mL，130 mmol/L MET、0.75 mmol/L NBT、0.1 mmol/L EDTA-Na$_2$及20 μmol/L核黄素各0.3 mL。3支测定管加0.1 mL酶液及0.5 mL蒸馏水，光下和暗中对照管每管均加0.6 mL蒸馏水。混匀后置暗中对照管于暗处，其他各管于4000 lx日光下反应15～20 min。反应结束后以暗中对照管为空白，于560 nm波长处测定其他各管的OD值。酶活性采用抑制NBT光化学反应50%为1个SOD活性单位。

5.3.4　APX活性测定

粗酶液提取：称取水稻幼苗样品0.5 g，经液氮研磨后加入5 mL经预冷的提取缓冲液，含0.1 mmol乙二胺四乙酸（EDTA）、1 mmol/L抗坏血酸和2% PVPP，混匀后4 ℃、12000 r/min离心30 min，收集上清液即为酶提取液。

酶活性测定：采用紫外比色法测定（李合生，2006）。取1支试管，依次加入2.6 mL反应缓冲液（含0.1 mmol/L EDTA和0.5 mmol/L ASA）和0.1 mL酶提取液，最后加入0.3 mL 2 mmol/L H$_2$O$_2$溶液迅速混合启动反应。15 s后记录波长290 nm处OD值，每30 s记录一次，连续测定6次以上，参比液为蒸馏水。根据OD$_{290}$值与时间的关系做线性回归方程，计算单位时间吸光度变化值ΔOD$_{290}$，每克样品（FW）APX酶促反应体系在290 nm处OD值降低0.01为1个AXP活性单位。

5.3.5　LOX活性测定

粗酶液提取：参照李云锋等（2005）的方法。称取0.5 g鲜样叶片加液氮研磨，加入预冷的50 mmol/L磷酸缓冲液（pH7.0，含1% PVP）4 mL匀浆，4 ℃ 16000 r/min离心20 min，上清液即为粗酶液。

酶活性测定：参考姚锋先等（2006）方法。将底物溶液和待测酶粗提液置于30 ℃的条件下平衡15 min。取0.1 mL酶粗提液加入到2.4 mL的底物溶液中，迅速混匀，利用TU-1800紫外可见分光光度计在234 nm条件下测定反应体系的OD值。加入酶液后30 s读取第1个OD值，之后每隔1 min读取1次，连续读取8个数值。以 OD 值与反应时间作图，按最初线性部分的斜率计算出单位时间的 OD 值变化，LOX 活性（FW）以 $\Delta OD_{234}/g \cdot min$ 表示，重复 3 次。

5.3.6　MDA 含量测定

粗酶液提取：称取水稻幼苗样品 0.5 g，经液氮研磨后加入 5 mL 0.05 mol/L、pH7.8 磷酸缓冲液，混合后 10000 r/min 离心 20 min，收集上清液即为粗酶液。

MDA 含量测定：用硫代巴比妥酸（TBA）比色法测定（赵世杰等，1999）。取 1 mL 上清液（对照加 1 mL 蒸馏水），加入 2 mL 0.5% 硫代巴比妥酸（TBA）溶液，混匀后沸水浴中自试管内出现小气泡开始计时反应 30 min，迅速冷却后于 3000 r/min 离心 15 min。取上清液，以 0.5% 的 TBA 溶液为空白测定 450、532、600 nm 波长处 OD 值。计算公式为：MDA 浓度（μmol/L）$=6.45\times(OD_{532}-OD_{600})-0.56\times OD_{450}$，求样品的 MDA 浓度，MDA 含量 = MDA 浓度×提取液体积/植物组织鲜质量，MDA 单位为 μmol/g。

5.3.7　H_2O_2 含量测定

提取：参照 Jaleel 等（2007）的方法。取 0.5 g 叶片鲜样，加入液氮研磨至粉末，加入 5 mL 0.1%（m/v）的三氯乙酸（TCA），冰浴条件下，用研钵棒研至匀浆，12000 r/min 高速离心 15 min。

H_2O_2 含量测定：吸取上清液 0.5 mL，加入 0.5 mL 10 mmol/L 的磷酸钾缓冲液（pH 7.0）和 1 mL 1 mol/L 的 KI 溶液，充分摇匀后，在 390 nm 波长下测定 OD 值。用不同浓度的 H_2O_2 标准液制作标准曲线，H_2O_2 单位为 μmol/g。

5.4　数据统计与分析

试验采用完全随机设计，采用 Excel 2003 和 DPS 7.05 统计软件进行数据分析处理，用单因素方差分析统计各处理平均值的差异，用 Duncan 氏新复极差法比较各处理间的差异显著性。使用 Origin Pro 8.5 软件作图。

6　试验结果

6.1　MeJA 对水稻幼苗 POD 活性的影响

6.1.1　不同浓度 MeJA 处理对水稻幼苗叶片 POD 活性的影响

不同 MeJA 处理浓度对水稻叶片 POD 活性的影响如图 3-1。在 0.05～2.00 mmol/L 范围内，两个水稻品种的 POD 活性随 MeJA 浓度增加总体呈上升趋势。当 MeJA 浓度为 2.0 mmol/L 时，"温 229" 的 POD 活性除与 0.05 mmol/L 差异不显著外，均明显高于其他处理，而 "嘉早 312" 的 POD 活性则与 MeJA 浓度为 0.1 和 1.0 mmol/L 时差异不显著。

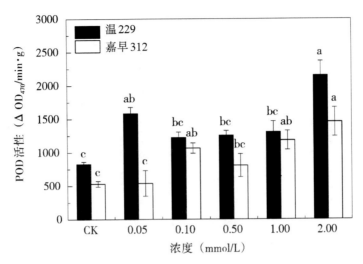

图3-1 不同MeJA处理浓度对水稻叶片POD活性的影响

注：图柱上方不同小写字母表示处理间经Duncan氏新复极差法检验，在$P<0.05$水平差异显著。

6.1.2 MeJA处理后水稻幼苗叶片POD活性变化

由图3-2可知，接种后96 h内，两水稻品种经MeJA预处理再接种的幼苗叶片，其POD活性始终高于未经MeJA预处理。感病品种"温229"接种后POD活性于48 h时出现高峰，MeJA未处理与预处理接种的植株依次比对照增加了41.66%和63.60%（图3-2A）；对于抗病品种"嘉早312"，接种白叶枯病菌后POD活性于48 h达最大值，MeJA未处理与预处理接种的分别比对照增加了40.29%和62.70%（图3-2B）。以上结果表明，MeJA可提高水稻叶片POD活性，其活性升高呈动态变化。

6.2 MeJA对水稻幼苗CAT活性的影响

6.2.1 MeJA处理浓度对水稻幼苗叶片CAT活性的影响

MeJA影响水稻幼苗CAT活性变化如图3-3。两水稻品种经MeJA预处理后接种白叶枯病菌，CAT活性随MeJA浓度升高逐步增强。当MeJA浓度为2.0 mmol/L时达最大值，感病品种"温229"和抗病品种"嘉早312"的CAT活性依次为对照的1.43倍和2.09倍。说明MeJA处理促进水稻幼苗CAT活性的提高，且抗病品种CAT活性增强的幅度比感病品种大。

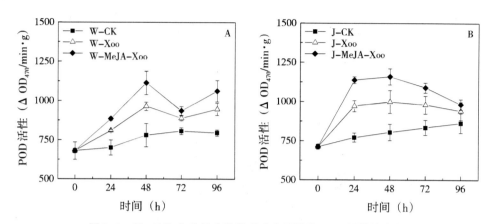

图 3-2　MeJA 和白叶枯病菌处理后水稻幼苗 POD 活性的变化

　　注：W-CK 表示感病品种"温 229"空白对照，W-Xoo 表示感病品种"温 229"未经 MeJA 处理即接种处理，W-MeJA-Xoo 表示感病品种"温 229"经 MeJA 处理再接种处理；J-CK 表示抗病品种"嘉早 312"空白对照，J-Xoo 表示抗病品种"嘉早 312"未经 MeJA 诱导即接种处理，J-MeJA-Xoo 表示抗病品种"嘉早 312"经 MeJA 诱导再接种处理。

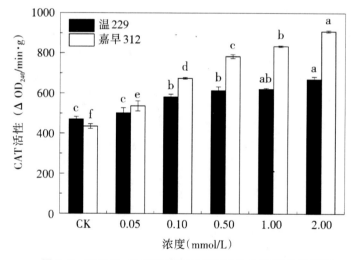

图 3-3　不同 MeJA 处理浓度对水稻叶片 CAT 活性的影响

6.2.2　MeJA 影响水稻幼苗叶片 CAT 活性的动态变化

　　从图 3-4 可知，两水稻品种未接种的幼苗 CAT 活性随时间变化均不明显，接种后幼苗 CAT 活性增加。感病品种"温 229"的 CAT 活性于接种后 48 h 达最大值，而 MeJA 预处理后接种和未预处理接种的幼苗 CAT 活性依次比对照增加 60.83% 和 42.65%（图 3-4A）；抗病品种"嘉早 312"接种后 72 h 达最高值，MeJA

处理和未处理的幼苗CAT活性分别比对照增加31.10%和22.95%（图3-4B）。

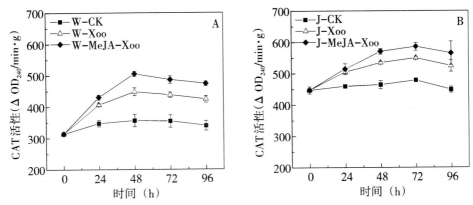

图3-4　MeJA和白叶枯病菌处理后水稻幼苗CAT活性的变化

注：W-CK表示感病品种"温229"空白对照，W-Xoo表示感病品种"温229"未经MeJA处理即接种处理，W-MeJA-Xoo表示感病品种"温229"经MeJA处理再接种处理；J-CK表示抗病品种"嘉早312"空白对照，J-Xoo表示抗病品种"嘉早312"未经MeJA诱导即接种处理，J-MeJA-Xoo表示抗病品种"嘉早312"经MeJA诱导再接种处理。

6.3　MeJA诱导水稻幼苗SOD活性的变化

6.3.1　不同MeJA处理浓度对水稻幼苗叶片SOD活性的影响

不同浓度MeJA对水稻幼苗SOD的活性影响见图3-5。当MeJA浓度为0.05 mmol/L时，感病品种"温229"的SOD活性最大，比对照增加36.02%；抗病品种"嘉早312"的SOD活性出现在MeJA浓度为1.00 mmol/L，比对照增加35.96%。

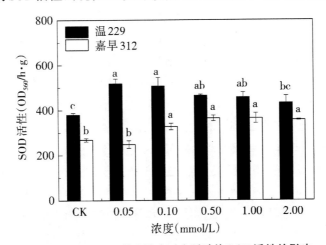

图3-5　不同MeJA处理浓度对水稻叶片SOD活性的影响

注：图柱上方不同小写字母表示处理间经Duncan氏新复极差法检验，在$P<0.05$水平差异显著。

6.3.2　MeJA影响水稻幼苗叶片SOD活性的动态变化

MeJA对水稻幼苗的SOD活性影响如图3-6。接种后48 h，两水稻品种SOD活性均达最高峰。感病品种"温229"经MeJA处理组和未处理组依次比对照增加56.67%和37.68%（图3-6A）；抗病品种"嘉早312"中MeJA处理组和未处理组依次比对照增加61.89%和40.92%（图3-6B）。说明MeJA处理可有效促进水稻幼苗SOD活性上升，抗病品种SOD活性上升幅度大于感病品种。

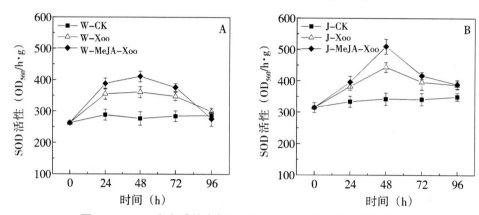

图3-6　MeJA和白叶枯病菌处理后水稻幼苗SOD活性的变化

注：W-CK表示感病品种"温229"空白对照，W-Xoo表示感病品种"温229"未经MeJA处理即接种处理，W-MeJA-Xoo表示感病品种"温229"经MeJA处理再接种处理；J-CK表示抗病品种"嘉早312"空白对照，J-Xoo表示抗病品种"嘉早312"未经MeJA诱导即接种处理，J-MeJA-Xoo表示抗病品种"嘉早312"经MeJA诱导再接种处理。

6.4　MeJA诱导水稻幼苗APX活性的变化

6.4.1　不同浓度的MeJA处理对水稻幼苗叶片APX活性的影响

如图3-7所示，不同浓度MeJA预处理后接种白叶枯病菌，感病品种"温229"的APX活性在MeJA浓度为0.05～1.00 mmol/L范围内逐渐升高，1.00 mmol/L时APX活性最强，比对照增加73.44%，随后下降；抗病品种"嘉早312"的APX活性在MeJA浓度为0.5 mmol/L时达高峰，比对照增加94.75%。

6.4.2　水稻幼苗叶片APX活性对MeJA的动态响应

MeJA对水稻幼苗APX活性影响如图3-8。两水稻品种的APX活性均于接种白叶枯病菌后48 h出现最大值，其中感病品种"温229"经MeJA预处理后接种和未经MeJA处理接种的APX活性依次为对照的3.24倍和2.32倍（图3-8A）；抗病品种"嘉早312"中MeJA预处理后接种和未处理接种的APX活性分别为对照的2.31倍和1.67倍（图3-8B）。

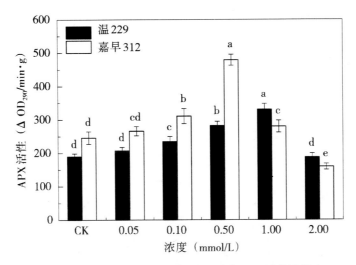

图3-7　不同MeJA处理浓度对水稻叶片APX活性的影响

注：图柱上方不同小写字母表示处理间经Duncan氏新复极差法检验，在 $P<0.05$ 水平差异显著。

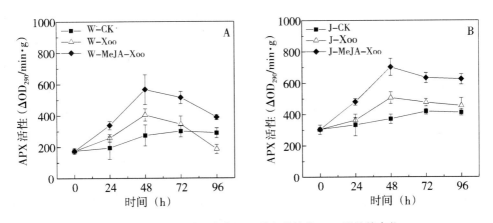

图3-8　MeJA和白叶枯病菌处理后水稻幼苗APX活性的变化

注：W-CK表示感病品种"温229"空白对照，W-Xoo表示感病品种"温229"未经MeJA处理即接种处理，W-MeJA-Xoo表示感病品种"温229"经MeJA处理再接种处理；J-CK表示抗病品种"嘉早312"空白对照，J-Xoo表示抗病品种"嘉早312"未经MeJA诱导即接种处理，J-MeJA-Xoo表示抗病品种"嘉早312"经MeJA诱导再接种处理。

6.5　MeJA诱导水稻幼苗LOX活性的变化

6.5.1 不同MeJA处理浓度对水稻叶片LOX活性的作用

MeJA对水稻幼苗叶片LOX活性的影响如图3-9所示。当MeJA浓度为1.0

mmol/L时，感病品种"温229"的LOX活性最强，比对照增加59.34%，而抗病品种"嘉早312"最大值出现在MeJA浓度为0.1 mmol/L时，比对照增加80.28%。说明在MeJA浓度为0.05～2.0 mmol/L范围内，抗病品种对MeJA浓度较感病品种敏感。

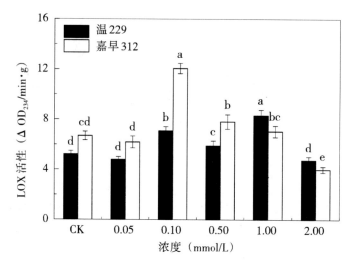

图3-9 不同MeJA处理浓度对水稻叶片LOX活性的影响

注：图柱上方不同小写字母表示处理间经Duncan氏新复极差法检验，在$P<0.05$水平差异显著。

6.5.2 MeJA影响水稻幼苗叶片LOX活性的动态变化

如图3-10所示，MeJA预处理后接种白叶枯病菌，感病品种"温229"的LOX活性于接种后24 h迅速上升至最大值，比对照增加51.36%，而未经MeJA预处理接种的幼苗LOX活性则延迟至接种后48 h达最大值，比对照增加29.36%（图3-10A）；同样，抗病品种"嘉早312"经MeJA预处理后接种和未经MeJA预处理接种，其LOX活性分别于接种后24 h和48 h达最大值，依次比对照增加69.82%和42.91%（图3-10B）。说明MeJA预处理可更快速、更大增幅促进水稻幼苗LOX活性的增加。

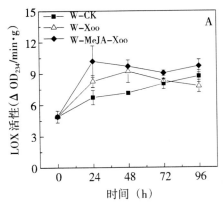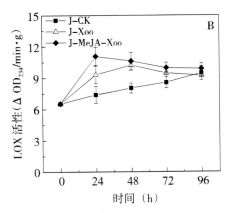

图3-10 MeJA处理后水稻幼苗LOX活性的变化

注：W-CK表示感病品种"温229"空白对照，W-Xoo表示感病品种"温229"未经MeJA处理即接种处理，W-MeJA-Xoo表示感病品种"温229"经MeJA处理再接种处理；J-CK表示抗病品种"嘉早312"空白对照，J-Xoo表示抗病品种"嘉早312"未经MeJA诱导即接种处理，J-MeJA-Xoo表示抗病品种"嘉早312"经MeJA诱导再接种处理。

6.6 MeJA诱导水稻幼苗MDA含量的变化

6.6.1 MeJA影响水稻幼苗叶片MDA含量的浓度效应

MeJA对水稻幼苗叶片MDA含量的影响如图3-11所示。接种后感病品种"温229"MDA含量随MeJA浓度增大逐渐降低，至0.10 mmol/L时含量最小，比对照降低32.59%，随后逐渐上升；抗病品种"嘉早312"的MDA含量变化与"温229"类似，在MeJA浓度为0.50 mmol/L时MDA含量最低，比对照降低26.49%。当MeJA浓度高达2.00 mmol/L时，"温229"和"嘉早312"幼苗MDA含量均达最大值，分别比对照增加11.98%和31.60%。说明0.10～0.50 mmol/L的低浓度MeJA显著减小水稻幼苗叶片MDA含量，1.00～2.00 mmol/L的高浓度MeJA促进MDA含量的积累。

6.6.2 水稻幼苗叶片MDA含量对MeJA的动态响应

由图3-12可知，"温229"和"嘉早312"幼苗对照的MDA含量在处理后0～96 h内变化不明显。接种白叶枯病菌后，感病品种"温229"未经MeJA预处理的MDA含量于48 h出现高峰，比对照增加了36.61%，而MeJA预处理的幼苗MDA含量则逐渐下降，至48 h最低值比对照减少了21.51%（图3-12A）。接种后抗病品种"嘉早312"经MeJA预处理和未经MeJA预处理的MDA含量均于72 h达最低值，分别比对照减少22.01%和9.73%（图3-12B）。以上结果说明，MeJA预处理在72 h内可有效降低MDA含量，减缓水稻幼苗细胞氧化损伤。

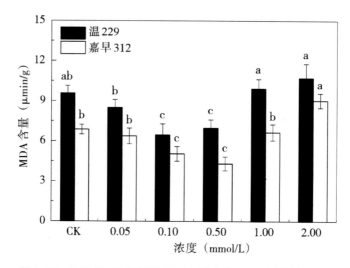

图3-11 不同MeJA处理浓度对水稻叶片MDA含量的影响

注：图柱上方不同小写字母表示处理间经Duncan氏新复极差法检验，在$P<0.05$水平差异显著。

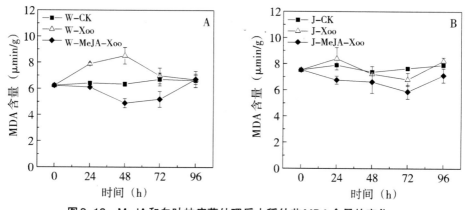

图3-12 MeJA和白叶枯病菌处理后水稻幼苗MDA含量的变化

注：W-CK表示感病品种"温229"空白对照，W-Xoo表示感病品种"温229"未经MeJA处理即接种处理，W-MeJA-Xoo表示感病品种"温229"经MeJA处理再接种处理；J-CK表示抗病品种"嘉早312"空白对照，J-Xoo表示抗病品种"嘉早312"未经MeJA诱导即接种处理，J-MeJA-Xoo表示抗病品种"嘉早312"经MeJA诱导再接种处理。

6.7 MeJA诱导水稻幼苗H_2O_2含量的变化

6.7.1 MeJA处理浓度对水稻幼苗叶片H_2O_2含量的影响

MeJA对水稻幼苗H_2O_2含量的影响如图3-13所示。接种白叶枯病菌后，感病品种"温229"幼苗叶片 H_2O_2 含量逐渐下降，至MeJA浓度为0.1 mmol/L时，其 H_2O_2 含量最低，比对照减少了42.94%，随之缓慢上升；抗病品种"嘉早312"的 H_2O_2 含量变化与"温229"类似，其最低值出现在MeJA浓度为0.5 mmol/L时，比对照降低了52.22%。

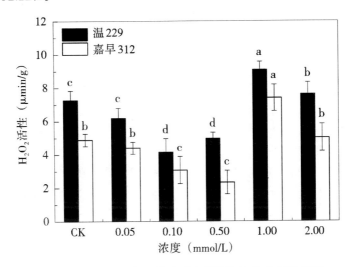

图3-13　不同MeJA处理浓度对水稻叶片 H_2O_2 含量的影响

注：图柱上方不同小写字母表示处理间经Duncan氏新复极差法检验，在 $P<0.05$ 水平差异显著。

6.7.2　MeJA影响水稻幼苗叶片 H_2O_2 含量的动态变化

如图3-14所示，接种白叶枯病菌后，感病品种"温229"中未经MeJA处理幼苗的 H_2O_2 含量持续上升至接种后72 h达最大值，为对照的2.39倍，而MeJA预处理后接种的幼苗 H_2O_2 含量至72 h时仅比对照增加25.49%（图3-14A）。接种后抗病品种"嘉早312"的 H_2O_2 含量持续上升至72 h达最大值，MeJA预处理后接种和未经MeJA处理接种的幼苗 H_2O_2 含量依次比对照增加17.71%和83.24%（图3-14B）。说明接种后96 h内，MeJA处理可有效降低水稻幼苗 H_2O_2 的含量。

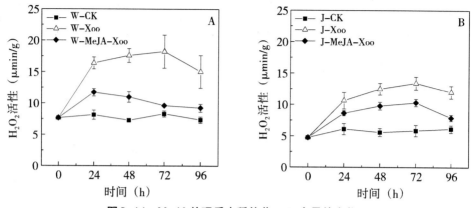

图3-14　MeJA处理后水稻幼苗H_2O_2含量的变化

注：W-CK表示感病品种"温229"空白对照，W-Xoo表示感病品种"温229"未经MeJA处理即接种处理，W-MeJA-Xoo表示感病品种"温229"经MeJA处理再接种处理；J-CK表示抗病品种"嘉早312"空白对照，J-Xoo表示抗病品种"嘉早312"未经MeJA诱导即接种处理，J-MeJA-Xoo表示抗病品种"嘉早312"经MeJA诱导再接种处理。

7　试验讨论

本试验结果表明，感、抗白叶枯病水稻经不同浓度的MeJA预处理后接种白叶枯病菌，在0.05~2.00 mmol/L浓度范围内，幼苗叶片SOD、POD、CAT、APX和LOX等5种抗氧化酶活性随MeJA浓度先增强后减弱，至1.00~2.00 mmol/L达高峰，随之减弱；MDA和H_2O_2含量与上述酶活性的变化趋势相反，当MeJA浓度为0.10~0.50 mmol/L时MDA和H_2O_2含量最低。在MeJA影响水稻幼苗抗氧化酶活性的动态变化中，0.1 mmol/L的MeJA预处理后48 h接种，在接种后24~96 h内，LOX活性上升最快，24 h即达最高值，SOD、POD和APX 3种酶于48 h达高峰，CAT活性上升最慢，96 h达最大值。以上结果与SA诱导番茄抗枯萎病、MeJA诱导水稻抗稻瘟病、香蕉抗枯萎病及枇杷果实抗采后病害等诱导抗病性与抗氧化酶活性变化关系一致，暗示MeJA诱导水稻对白叶枯病的抗性可能与其提高相关抗氧化酶活性有关。

外源物质诱导植物抗病过程伴随系列物质代谢，其中催化这些代谢反应的酶为关键因子。MeJA等信号物质诱导脂类过氧化产物的积累，增强抗氧化酶活性，清除植株体内活性氧自由基，植株抗病性与SOD、POD、CAT和APX等抗氧化酶活性密切相关。低浓度MeJA显著增强了人参体内CAT和POD等酶活性，从而降低了根腐病的发生，说明MeJA诱导人参抗根腐病可能与其激活了抗氧化酶活性有关。另有报道证明，MeJA 诱导番茄抗灰霉病是由于 MeJA 促进了 SOD、CAT 和 APX 等酶基因表达，有利于清除过量的活性氧和减轻蛋白质氧化损伤。然而抗氧化酶活性与诱导抗病性的相关性在不同植物或同一植物不同病原可能不同，如 JA 诱导苗期甜菜抗坏死黄脉病毒与 LOX 活性升高有关，而研究者用 JA 处理显著减轻了采后甜菜贮藏期病害的发生，而甜菜的 APX、CAT、POD 等抗氧化酶活性却没有相应地显著提高，表明这些抗氧化酶类可能并没有直接参与 JA 诱导抗病反应。本试验结果显示，MeJA 诱导水稻抗白叶枯病与 POD、SOD、CAT 和 APX 等抗氧化酶活性的提高有关，支持了植物诱导抗病性与抗氧化酶活性的密切相关性。此外，MDA 是植物组织在病原菌胁迫下发生膜脂过氧化作用的产物，其含量与细胞遭受氧化损伤的程度密切相关，可作为膜脂过氧化及植物抗病作用的一个重要指标。本试验结果表明，水稻幼苗经 MeJA 处理后，MDA 含量与 Me-JA 诱导水稻抗白叶枯病负相关，这与 MDA 含量与苦瓜抗枯萎病负相关结果一致。

外源激发子对诱导植物抗氧化酶活性的影响与植物本身的抗病性密切相关。经 BTH 和 SA 诱导甜瓜抗白粉病的效果与品种的基础抗性正相关，对抗病品种的诱导效果高于中抗和感病品种，其中甜瓜抗白粉病品种叶片 POD 活性高于感白粉病品种，且抗病品种 POD 活性升高的相对幅度大于感病品种。本试验结果表明，抗病品种"嘉早312"的 LOX 和 APX 活性基数比感病品种"温229"高，对 MeJA 浓度较敏感，且"嘉早312"的 CAT、POD 活性增幅大于感病品种"温229"，MDA 含量下降比"温229"快，暗示这4种抗氧化酶和 MDA 及 H_2O_2 在水稻白叶枯病抗性中起着更重要的作用。外源 MeJA 诱导水稻抗白叶枯病及对幼苗抗氧化酶活性、MDA 及 H_2O_2 含量的影响可能与水稻品种本身抗病遗传背景相关。

综上所述，MeJA 促进水稻幼苗抗氧化酶活性提高并降低 MDA 及 H_2O_2 含量，这些生理指标与水稻抗白叶枯病密切相关。MeJA 对水稻其他抗病相关物质如酚类物质代谢、病程相关蛋白等影响与 MeJA 诱导水稻抗病叶枯病的关系有待深入研究。

试验四　酚类物质代谢对MeJA诱导水稻抗白叶枯病的响应

1　试验背景

植物在抵御病原微生物的侵染过程中，通过调节自身酚类物质代谢系统，产生与抗病相关的酚类物质，包括酚类物质代谢关键酶PAL和PPO、可溶性酚类化合物、绿原酸、黄酮类以及木质素等，这些关键酶活性的提高及抗病物质的积累在植物抵御病原物侵染过程中发挥了重要作用。

苯丙烷类代谢是酚类物质重要的代谢途径，而苯丙氨酸解氨酶（PAL）是苯丙烷类代谢途径中的第一个关键酶，促进植物抗毒素及酚类化合物的形成；酚类物质代谢另一重要酶为多酚氧化酶（PPO），可将酚类化合物氧化成奎宁以抵御病害的侵染。UV-B辐射和稻瘟病菌胁迫下水稻幼苗PAL活性和类黄酮含量增加；在玉米抵御鞘腐病菌侵染的过程中，植物体内PAL、PPO等活性和木质素含量显著提高。绿原酸是苯丙酸类代谢途径的主要产物之一，植物受病菌侵染和激发子处理后，绿原酸在植株体内大量积累，抑制病原菌生长和产孢，进而产生豌豆素、菜豆素等类黄酮物质，防止病原菌后续侵染。此外，作为结构屏障物，木质素是植物体内重要的物理抗菌物质，当寄主植物遭受病原物侵染时，合成细胞壁的木质素发生改变，使寄主细胞壁增厚，促进细胞壁木质化，使寄主植物呈现过敏性反应，以抵御病原物侵染。

前人大量报道了外源JAs诱导处理后植物酚类物质代谢的变化。一方面，研究者发现JA或MeJA处理增强了植物酚类物质代谢关键酶PAL和PPO的活性。MeJA处理可提高水稻幼苗PAL和PPO的活性，处理后8 d内随时间延长逐渐增强。JA处理番茄和烟草，24 h内番茄上部叶片PPO活性增加了4～6倍。另有试验证实，PAL或PPO活性的提高参与了JA/MeJA诱导水稻抗稻瘟病、苜蓿抗黑胫病、柑橘和番茄抗采后病害。另一方面，JA或MeJA诱导植物抗病与酚类物质含量的升高有关，如JA或MeJA处理促进了水稻幼苗木质素和苹果果实总酚等含量的积累，提高了植物抗病能力。

2　试验目的

为了探索MeJA诱导水稻抗白叶枯病与植株酚类物质代谢的关系，本试验以MeJA作为外源激发子，采用喷雾处理5叶1心期感病品种"温229"和抗病品种"嘉早312"，接种白叶枯病菌后测定幼苗叶片中PAL、PPO、总可溶性酚、木质素、绿原酸和类黄酮等含量变化，为探求MeJA诱导植物抗病机理提供理论参考。

3　试验材料

3.1　水稻幼苗

抗病品种"嘉早312"和感病品种"温229"，均由江西农业大学作物生理生态与遗传育种实验室提供。采用常规浸种催芽方法，选取发芽一致的水稻种子播至24 cm×34 cm×20 cm塑料盆中，每行4丛，每丛5棵，共4列（行间距为5 cm×7 cm），于25～30 ℃、光周期12 L∶12 D的生长室中培养，至5叶1心期待用。

3.2　白叶枯病菌

江西农业大学植物病理实验室保存菌种。−80 ℃冷冻保存，试验前于NA培养基（配方：牛肉膏3.0 g，蛋白胨5.0 g，葡萄糖20.0 g，琼脂17.0 g，蒸馏水1000 mL，pH7.0）上活化，28 ℃培养48 h，12000 r/min离心10 min，去除上清液，配制浓度为$5×10^8$ cfu/mL的菌液，接种待用。

3.3　MeJA

购自美国Sigma公司，先以少量二甲基亚砜（DMSO）溶解，再用含0.1%吐温-80的蒸馏水配成10 mmol/L的溶液备用。

4　试验仪器

超净工作台、人工气候箱、显微镜、恒温培养箱、灭菌锅、电子天平、超低温冰箱、冷冻离心机、制冰机、紫外-可见分光光度计、水浴锅等。

5　试验步骤

5.1　水稻种子处理与幼苗培养

水稻种子用10%的次氯酸钠浸泡1 h进行表面消毒，自来水冲洗后再用蒸馏水冲洗，再将水稻种子置于垫有滤纸的培养皿中，放入（30±1）℃人工气候箱中催芽，待种子露白后，采用国际上常用的沙培法培养。培养皿内先放入50 g灭菌沙，然后放置90粒催芽种子，每个处理3次重复，置于25～30 ℃、光周期12L∶12D的生长室中培养。

5.2 水稻叶片的处理与取样

5.2.1 MeJA 影响水稻幼苗叶片酚类物质代谢的浓度效应

以浓度为 0.05、0.1、0.5、1.0 和 2.0 mmol/L 的 MeJA 喷雾处理 5 叶 1 心期的水稻幼苗，0.1% 吐温-80 的无菌蒸馏水喷雾为对照，待植株全部叶片湿润后，用塑料薄膜覆盖保湿。48 h 后用灭菌剪刀蘸取菌液剪叶接种 5×10^8 cfu/mL 白叶枯病菌悬液，剪除各处理（含对照）的幼苗叶尖 1.0 cm，每株接种 2～3 片叶，接种 48 h 后取各处理水稻叶片 0.5 g 冷冻保存（−80 ℃），用于酶活性测定。每处理 3 个重复，每重复 1 盆，每盆 80 株。

5.2.2 MeJA 影响水稻幼苗叶片酚类物质代谢的动态变化

以浓度为 0.1 mmol/L 的 MeJA 喷雾处理 5 叶 1 心期水稻幼苗，对照喷施含 0.1% 吐温-80 的无菌蒸馏水，试验设置 6 组处理。① "温 229"：蒸馏水喷雾，用 W−CK 表示；② "温 229"：蒸馏水喷雾＋白叶枯病菌接种，用 W−Xoo 表示；③ "温 229"：0.1 mmol/L MeJA 喷雾＋白叶枯病菌接种，用 W−MeJA −Xoo 表示；④ "嘉早 312"：蒸馏水喷雾，用 J−CK 表示；⑤ "嘉早 312"：蒸馏水喷雾＋白叶枯病菌接种，用 J−Xoo 表示；⑥ "嘉早 312"：0.1 mmol/L MeJA 喷雾＋白叶枯病菌接种，用 J−MeJA −Xoo 表示。每处理 3 个重复，每重复 1 盆，每盆 80 株。喷雾处理后 48 h 按试验一 5.2.3 的方法接种白叶枯病病菌。接种后第 0、24、48、72、96 小时取各组水稻叶片 0.5 g 冷冻保存（−80 ℃），用于酶活性测定。对照为含 0.1% 吐温-80 的无菌蒸馏水。其余方法同上。

5.3 生理生化指标测定

5.3.1 PAL 活性测定

粗酶液提取：称取水稻样品 0.5 g，加入 5 mL 提取液（含 50 mmol/L pH8.8 Tris-HCl 缓冲液；15 mmol/L β-巯基乙醇；5 mmol/L EDTA；5 mmol/L ASA；1 mmol/L PMSF；0.15% PVP），匀浆后 12000 r/min 4 ℃离心 20 min，上清液即为 PAL 粗酶液。

酶活性测定：取两支试管，分别加入 0.1 mL 酶提取液和 2.9 mL 反应液（含 16 mmol/L L-苯丙氨酸，3.6 mmol/L NaCl，50 mmol/L、pH8.9 Tris-HCl），混匀。一支试管加入 0.5 mL 6 mol/L HCl 后立即于 290 nm 测定 OD 值；另一支试管在 37 ℃下震荡反应 1 h 后，加 0.5 mL 6 mol/L HCl 终止反应，12000 r/min 离心 10 min，取上清液测定 OD_{290}。对照加入 0.1 mL 双蒸水。OD 值每变化 0.01 即生成 1 μg 反式肉桂酸，以每小时生成的肉桂酸的量表示酶活性。

5.3.2 PPO 活性测定

粗酶液提取：采用邻苯二酚法。称取水稻样品 0.5 g，加入 5 mL 提取缓冲液

（1mmol PEG、4% PVP 和 1% Triton X-100），匀浆后 4 ℃、12000 r/min 离心 30 min，上清液即为酶提取液。

酶活性测定：取一支试管，依次加入 4.0 mL 50 mmol/L、pH5.5 的醋酸-醋酸钠缓冲液、1.0 mL 50 mmol/L 邻苯二酚溶液和 100 μL 酶提取液，混匀后开始计时。将反应混合液倒入比色杯中，以蒸馏水为对照，在波长 420 nm 下，分光光度计测定样品 OD_{420}。反应 15 s 时 OD 值为初始值，每 1 min 记录一次，连续测定 6 次以上，重复 3 次。以每克样品每分钟 OD 变化值增加 1 为 1 个 PPO 活性单位。

5.3.3 总可溶性酚和木质素含量测定

提取：取 0.2 g 冷冻叶片样品加液氮研磨后移至离心管中，加入 3.0 mL 80% 甲醇，离心管经铝箔纸完全包裹后于转速 150 r/min、25 ℃ 摇床上振荡过夜。提取物于 12000 r/min 下离心 5 min，上清液和沉淀均于 -20 ℃ 低温冰箱中保存，用以测定总可溶性酚及木质素含量。

总可溶性酚含量测定：吸取 150 μL 经甲醇提取的上清液，加入 0.25 mol/L 的 Folin-酚试剂 150 μL，摇匀，在室温下静置 5 min 后加入 1 mol/L 的 Na_2CO_3 溶液 150 μL，摇匀，静置 10 min。向混合物中加入 1 mL 双蒸水摇匀，于室温条件下静置 1h 后测定 OD_{725} 值。用邻苯二酚标准液制作标准曲线，总可溶性酚含量的单位为 mg/kg。

木质素含量测定：将 1.5 mL 双蒸水加入总可溶性酚的沉淀中，摇匀，于 12000 r/min 下高速离心 5 min，弃上清液后的沉淀于 65 ℃ 下干燥过夜，加入 1.5 mL 体积比为 1：10 巯基乙酸和 2 mol/L HCl 混合液，摇匀，置沸水浴 4 h 后用冰水迅速冷却，4 ℃ 保持 10 min 后于 12000 r/min 下离心 10 min，弃上清液，重复 2 次。将 1.5 mL 0.5 mol/L 的 NaOH 溶液重新悬浮沉淀，室温条件下 150 r/min 摇床振荡过夜，10000 r/min 下高速离心 10 min。取上清液于离心管中，加入 200 μL 浓 HCl，4 ℃ 保持 4 h 后，于 10000 r/min 下高速离心 10 min，弃上清液，其沉淀用 2 mL 0.5 mol/L NaOH 溶液溶解，测定 OD_{280} 值，木质素相对含量以 OD_{280} 值表示。

5.3.4 绿原酸含量测定

称取 0.5 g 样品置 60 ℃ 烘干至恒重，按 50 倍烘干样品质量加入无水乙醇提取 1 h，取提取液 1 mL 加 4 mL 无水乙醇，加 1.0 g 活性炭脱色，用分光光度计测定 324 nm 处的 OD 值，以 OD_{324} 表示绿原酸相对含量。每样品重复 3 次。

5.3.5 类黄酮含量测定

称取 0.5 g 样品剪碎置试管中，加 5 mL 含 1% 盐酸化的甲醇溶液（V/V）于 4 ℃ 下提取 24 h。将提取液在 3000 r/min 下离心 20 min，取上清液用分光光度计测定 OD_{305} 的吸光值表示其相对含量，对照用蒸馏水。每样品重复 3 次。

5.4 数据统计与分析

试验采用完全随机设计，采用Excel 2003和DPS 7.05统计软件进行数据分析处理，用单因素方差分析统计各处理平均值的差异，用Duncan氏新复极差法比较各处理间的差异显著性。使用Origin Pro 8.5软件作图。

6 试验结果

6.1 MeJA诱导处理对不同抗性水稻叶片PAL活性的影响

6.1.1 不同浓度MeJA处理对水稻幼苗叶片PAL活性的影响

不同MeJA浓度处理水稻后接种白叶枯病菌，幼苗叶片PAL活性的变化如4-1所示。当MeJA浓度为0.5 mmol/L时，感病品种"温229"和抗病品种"嘉早312"均达到最高值，依次为对照的2.47倍和2.97倍。

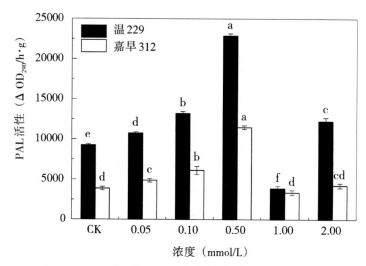

图4-1 不同MeJA处理浓度对水稻叶片PAL活性的影响

注：图柱上方不同小写字母表示处理间经Duncan氏新复极差法检验，在$P<0.05$水平差异显著。

6.1.2 MeJA影响水稻幼苗叶片PAL活性的动态变化

由图4-2可知，接种后两水稻品种PAL活性均高于对照。就感病品种"温229"而言，未经MeJA处理接种的幼苗叶片PAL活性于接种后48 h达到高峰，PAL活性比对照增加了36.04%，而MeJA处理后再接种的幼苗叶片PAL活性提前至接种后24 h达高峰，比对照增加了47.98%（图4-2A）；抗病品种"嘉早312"中未经MeJA处理接种的PAL活性于48 h达最高峰，比对照增加了53.58%，MeJA处理后再接种的于48 h达最大值，较对照增加79.37%（图4-2B）。

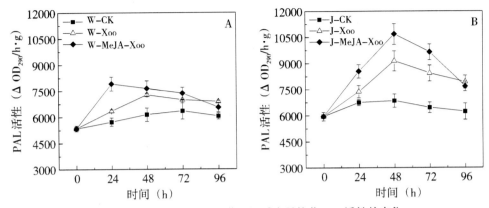

图4-2　MeJA和白叶枯病菌处理后水稻幼苗PAL活性的变化

注：W-CK表示感病品种"温229"空白对照，W-Xoo表示感病品种"温229"未经MeJA处理即接种处理，W-MeJA-Xoo表示感病品种"温229"经MeJA处理再接种处理；J-CK表示抗病品种"嘉早312"空白对照，J-Xoo表示抗病品种"嘉早312"未经MeJA诱导即接种处理，J-MeJA-Xoo表示抗病品种"嘉早312"经MeJA诱导再接种处理。

6.2　MeJA诱导处理对不同抗性水稻叶片PPO活性的影响

6.2.1　MeJA影响水稻幼苗叶片PPO活性的浓度效应

由图4-3可知，不同浓度MeJA处理接种96 h内，不同抗性的水稻PPO活性均高于对照。除0.05 mmol/L MeJA外，其余处理均能显著提高感病品种"温229"和抗病品种"嘉早312"的PPO活性。当MeJA处理浓度分别为1.0和0.5 mmol/L时PPO活性最大，感病品种"温229"和抗病品种"嘉早312"依次比对照增加了46.79%和60.22%。

6.2.2　水稻幼苗叶片PPO活性对MeJA处理的动态响应

由图4-4可知，感病品种"温229"未经MeJA诱导即接种和MeJA诱导处理后再接种的PPO活性均于48 h达最大值，分别为对照的1.47倍和1.74倍（图4-4A）。与之相比，抗病品种"嘉早312"接种后两处理的PPO活性均提前至24 h达最大值，未经MeJA诱导即接种和MeJA诱导后再接种的PPO活性分别为对照的1.48倍和1.58倍（图4-4B）。

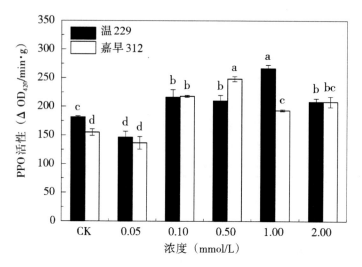

图4-3　不同MeJA处理浓度对水稻叶片PPO活性的影响

注：图柱上方不同小写字母表示处理间经Duncan氏新复极差法检验，在$P<0.05$水平差异显著。

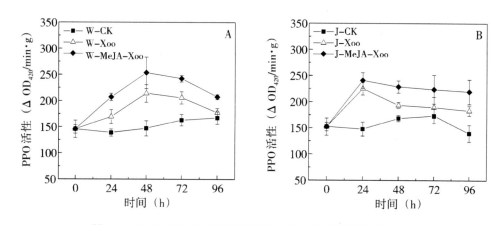

图4-4　MeJA和白叶枯病菌处理后水稻幼苗PPO活性的变化

注：W-CK表示感病品种"温229"空白对照，W-Xoo表示感病品种"温229"未经MeJA处理即接种处理，W-MeJA-Xoo表示感病品种"温229"经MeJA处理再接种处理；J-CK表示抗病品种"嘉早312"空白对照，J-Xoo表示抗病品种"嘉早312"未经MeJA诱导即接种处理，J-MeJA-Xoo表示抗病品种"嘉早312"经MeJA诱导再接种处理。

6.3　MeJA诱导处理对不同抗性水稻叶片总可溶性酚含量的影响

6.3.1　不同MeJA处理浓度下水稻幼苗叶片总可溶性酚的含量变化

不同浓度MeJA处理后接种白叶枯病菌，水稻叶片总可溶性酚含量变化如图

4-5所示。"温229"于MeJA为1.0 mmol/L时含量最高，为对照的2.26倍，而"嘉早312"则于0.1 mmol/L时含量达最大值，为对照的2.17倍。

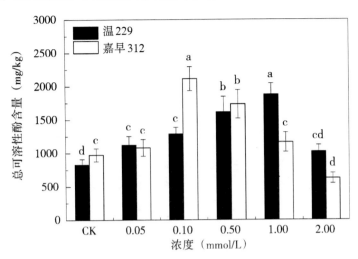

图4-5 不同MeJA处理浓度对水稻叶片总可溶性酚含量的影响

注：图柱上方不同小写字母表示处理间经Duncan氏新复极差法检验，在P<0.05水平差异显著。

6.3.2 MeJA处理后水稻幼苗叶片总可溶性酚含量的变化

图4-6可知，水稻幼苗接种后96 h内叶片总可溶性酚含量显著提高。在感病品种稻"温229"接种后96 h，MeJA未处理即接种和MeJA处理再接种的总可溶性酚含量分别为对照的2.59倍和3.43倍（图4-6A）；而抗病品种"嘉早312"中MeJA未处理即接种和MeJA处理后再接种的总可溶性酚分别为对照的2.16倍和2.63倍（图4-6B）。

6.4 MeJA诱导处理对不同抗性水稻叶片木质素含量的影响

6.4.1 MeJA影响水稻幼苗叶片木质素含量的浓度效应

图4-7表明，不同浓度MeJA处理后接种白叶枯病菌，水稻叶片木质素含量随MeJA浓度升高先增多后减少。感病品种"温229"和抗病品种"嘉早312"分别于MeJA浓度为1.0 mmol/L和0.5 mmol/L时，水稻叶片木质素含量达最高值，分别为对照的2.66倍和2.52倍。

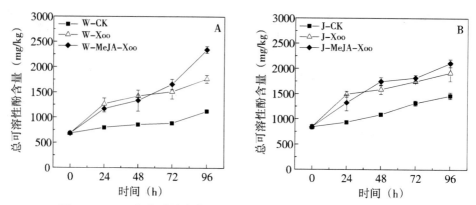

图4-6　MeJA和白叶枯病菌处理后水稻幼苗总可溶性酚含量的变化

注：W-CK表示感病品种"温229"空白对照，W-Xoo表示感病品种"温229"未经MeJA处理即接种处理，W-MeJA-Xoo表示感病品种"温229"经MeJA处理再接种处理；J-CK表示抗病品种"嘉早312"空白对照，J-Xoo表示抗病品种"嘉早312"未经MeJA诱导即接种处理，J-MeJA-Xoo表示抗病品种"嘉早312"经MeJA诱导再接种处理。

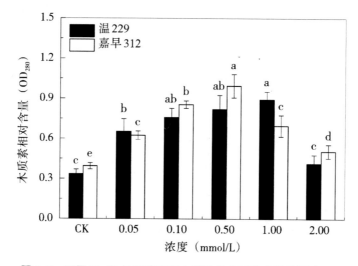

图4-7　不同MeJA处理浓度对水稻叶片木质素含量的影响

注：图柱上方不同小写字母表示处理间经Duncan氏新复极差法检验，在$P<0.05$水平差异显著。

6.4.2　MeJA影响水稻幼苗叶片木质素含量的动态变化

由图4-8可知，MeJA处理后水稻叶片木质素含量逐渐上升。感病品种"温229"中MeJA未处理即接种木质素含量在24 h达第一个高峰，为对照的1.93倍，随之降低后再升高，接种96 h后达最大值，为对照的2.33倍；MeJA处理再接种木质素含量于处理后72 h达到高峰，为对照的2.84倍（图4-8A）。相比感病品种，抗病品种"嘉早312"中MeJA未处理即接种和MeJA处理后再接种，其木质素含量均于96 h时达到高峰，分别为对照的2.29倍和2.53倍（图4-8B）。以上结果表明，在接种后0～96 h范围内，MeJA处理后再接种诱导水稻叶片木质素含量较MeJA未处理即接种的增幅大。

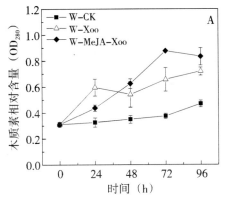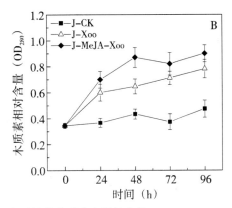

图4-8　MeJA和白叶枯病菌处理后水稻幼苗木质素含量的变化

注：W-CK表示感病品种"温229"空白对照，W-Xoo表示感病品种"温229"未经MeJA处理即接种处理，W-MeJA-Xoo表示感病品种"温229"经MeJA处理再接种处理；J-CK表示抗病品种"嘉早312"空白对照，J-Xoo表示抗病品种"嘉早312"未经MeJA诱导即接种处理，J-MeJA-Xoo表示抗病品种"嘉早312"经MeJA诱导再接种处理。

6.5　MeJA诱导处理对不同抗性水稻叶片绿原酸含量的影响

6.5.1　MeJA处理浓度对水稻幼苗叶片绿原酸含量的影响

不同浓度MeJA处理后接种白叶枯病菌，两水稻品种的绿原酸含量变化如图4-9所示。在0.05～1.0 mmol/L范围内，其绿原酸含量随MeJA浓度升高不断增加，当MeJA浓度为1.0 mmol/L时，感病品种"温229"和抗病品种"嘉早312"达最大值，分别为对照的2.29倍和1.83倍，随之迅速降低。

6.5.2　水稻幼苗叶片绿原酸含量对MeJA的动态响应

从图4-10可知，与对照相比，接种后两水稻品种绿原酸含量均升高，至接种后96 h，MeJA处理再接种的绿原酸含量始终高于MeJA未处理即接种的绿原酸含量。其中，MeJA未处理即接种和MeJA处理再接种诱导感病品种"温229"的绿原酸含量分别为对照的3.89倍和4.09倍（图4-10A）；诱导抗病品种"嘉早312"的绿原酸含量分别为对照的2.12倍和2.50倍（图4-10B）。

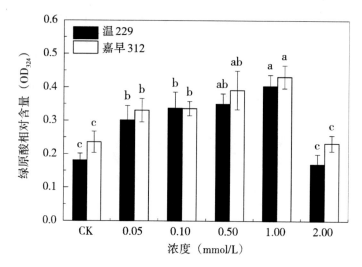

图4-9 不同MeJA处理浓度对水稻叶片绿原酸含量的影响

注：图柱上方不同小写字母表示处理间经Duncan氏新复极差法检验，在P<0.05水平差异显著。

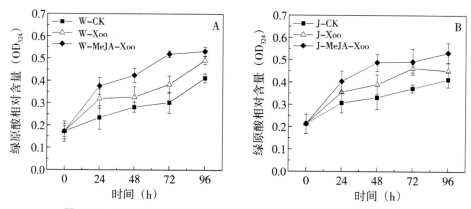

图4-10 MeJA和白叶枯病菌处理后水稻幼苗绿原酸含量的变化

注：W-CK表示感病品种"温229"空白对照，W-Xoo表示感病品种"温229"未经MeJA处理即接种处理，W-MeJA-Xoo表示感病品种"温229"经MeJA处理再接种处理；J-CK表示抗病品种"嘉早312"空白对照，J-Xoo表示抗病品种"嘉早312"未经MeJA诱导即接种处理，J-MeJA-Xoo表示抗病品种"嘉早312"经MeJA诱导再接种处理。

6.6 MeJA诱导处理对不同抗性水稻叶片类黄酮含量的影响

6.6.1 不同MeJA浓度处理对水稻幼苗叶片类黄酮含量的影响

两品种水稻经不同浓度MeJA处理后接种白叶枯病菌，叶片类黄酮含量变化如图4-11所示。当MeJA浓度为0.5 mmol/L时感病品种"温229"类黄酮含量达

最大值，为对照的 3.03 倍；抗病品种"嘉早 312"的类黄酮含量最大值出现在
MeJA 浓度为 1.0 mmol/L 时，为对照的 2.23 倍，随至迅速降低，至 2.0 mmol/L 时，
分别为对照的 42.11% 和 17.96%。

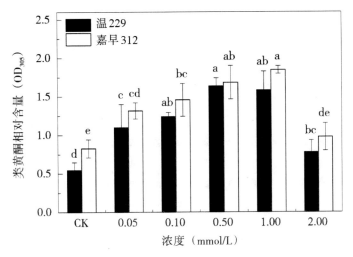

图 4-11　不同 MeJA 处理浓度对水稻叶片类黄酮含量的影响

注：图柱上方不同小写字母表示处理间经 Duncan 氏新复极差法检验，在 P<0.05 水平差异
显著。

6.6.2　MeJA 影响水稻幼苗叶片类黄酮含量的动态变化

由图 4-12 可知，水稻幼苗接种后叶片类黄酮含量显著增加。至接种后 96 h，
感病品种"温 229"中 MeJA 未处理即接种和 MeJA 处理再接种的类黄酮含量分别
比对照增加 41.87% 和 88.53%；抗病品种"嘉早 312"中 MeJA 未处理即接种和
MeJA 处理再接种分别比对照增加 54.32% 和 66.01%。以上结果表明，MeJA 处理
可促进水稻类黄酮含量的升高。

7　试验讨论

本研究结果表明，水稻幼苗接种白叶枯病菌后，水稻叶片酚类物质代谢显著
增强。不同浓度 MeJA 诱导水稻酚类物质活性或含量的提高，最佳诱导浓度大部
分在 0.5～1.0 mmol/L 之间，MeJA 浓度达到 2.0 mmol/L 时，水稻幼苗部分出现黄
萎现象，诱导效果迅速下降，这与 MeJA 诱导水稻抗稻瘟病结果类似，但其最佳
诱导效果的 MeJA 浓度为 0.1 mmol/L，而吴国昭等却报道 MeJA 诱导野生稻抗稻瘟
病的浓度为 25μmol/L。说明 MeJA 诱导植物抗病性的最佳浓度可能与植物种类或
品种以及病害种类有关。

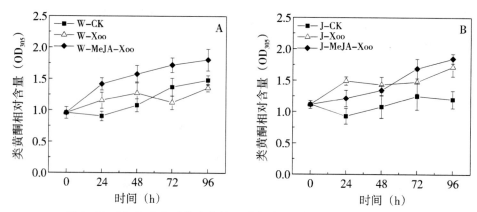

图4-12　MeJA和白叶枯病菌处理后水稻幼苗类黄酮含量的变化

注：W–CK表示感病品种"温229"空白对照，W–Xoo表示感病品种"温229"未经MeJA处理即接种处理，W–MeJA–Xoo表示感病品种"温229"经MeJA处理再接种处理；J–CK表示抗病品种"嘉早312"空白对照，J–Xoo表示抗病品种"嘉早312"未经MeJA诱导即接种处理，J–MeJA–Xoo表示抗病品种"嘉早312"经MeJA诱导再接种处理。

　　"温229"和"嘉早312"接种白叶枯病菌后96 h内，幼苗PAL和PPO的活性，总溶性酚、木质素、绿原酸和黄酮类的含量较对照上升。MeJA处理促进了水稻幼苗酚类物质代谢关键酶PAL和PPO的活性及相关酚类物质含量的积累。该结果暗示接种后MeJA促进了水稻酚类物质代谢，可能参与了水稻幼苗抗白叶枯病。（这与MeJA诱导人参抗锈病、SA和硅酸钠诱导甜瓜以及南瓜抗白粉病中酚类物质代谢的结果一致。水稻叶片PAL活性提高，促进了酚类物质的合成，而酚类物质含量的提高为PPO等酶的催化氧化作用提供了更多的底物；总可溶性酚、木质素和类黄酮含量持续升高，随着PPO活性的增加，酚类物质的氧化加速，从而增强了水稻的抗病性。

　　大量研究表明，植物体受病原菌侵染后自身酚类物质含量上升，品种基础抗性越强其酚类物质对病原菌诱导的响应越快，增幅越大，与抗病性呈正相关，外源诱导物预处理后再接种，进一步促进酚类物质代谢。本试验中，一方面，MeJA预处理抗病品种"嘉早312"的PAL活性的增幅大于感病品种"温229"，尽管PPO活性的增幅小于感病品种"温229"，但抗病品种"嘉早312"的PPO活性却提前24 h达到最大值，说明MeJA预处理正向调控了水稻幼苗酚类物质代谢关键酶的活性。这与稻瘟菌激发子诱导水稻抗稻瘟病、BTH诱导甜瓜抗白粉病中PAL活性变化的结果一致。另一方面，总可溶性酚、木质素、绿原酸和类黄酮等与抗病相关酚类物质对MeJA处理的浓度响应结果表明，酚类物质含量增加幅度与水稻基础抗性正相关，但测定96 h内酚类物质动态变化时感病品种"温229"的增加幅度却高于抗病品种"嘉早312"，暗示酚类物质代谢关键酶PAL和PPO活性的提高在诱导水稻抗白叶枯病过程中可能与水稻基础抗性关系较酚类物质更密切，作用更重要，或者植物诱导抗病性的产生是由各种复杂抗病反应协同完成，不同诱导剂对不同寄主植物诱导产生的酚类物质代谢对提高植物抗性的作用存在差异。

综上所述，MeJA可激发水稻幼苗PAL和PPO活性，促进酚类物质、木质素、绿原酸和类黄酮等在植株体内的产生和积累，与水稻抗白叶枯病密切相关，为探索MeJA诱导水稻抗白叶枯病的机制研究提供了有力证据。对于MeJA诱导水稻抗白叶枯病与病程相关蛋白及相关防卫基因表达的关系有待进一步研究。

试验五 茉莉酸甲酯对白叶枯病菌胁迫下 水稻病程相关蛋白的影响

1 试验背景

病程相关蛋白（PRP或PRs）是植物受病原生物或不适宜的外界环境等诱导产生的一类蛋白质，具有广谱的诱导抗病性，可提高多种植物抗真菌、细菌和病毒等引起的病害。在PRs蛋白中，几丁质酶（CHI）和β-1,3-葡聚糖酶（GLU）是两类重要的PRs蛋白，在植物防御反应中协同表达，降解多种病原细胞壁的几丁质，对病原菌生长具有直接的抑制作用，植物体内CHI和GLU活性高低及其基因表达强弱与植物诱导抗病性密切相关。

近年来关于植物诱导抗病与CHI和GLU的关系已有大量报道。外源诱导剂BTH处理可诱导多种植物CHI和GLU的活性提高，提高沙糖橘抗采后青霉病、葡萄抗霜霉病、甜瓜抗白粉病以及花椰菜抗菌核病等CHI和GLU的活性，增强了寄主植物的抗病能力。研究者证实CHI和GLU的活性提高参与哈茨木霉Tr-92诱导黄瓜抗灰霉病。此外，根际促生菌处理种子可诱导红花（Flos Carthami）对褐斑病菌的抗性，与植株体内GLU和CHI的显著升高有关。在诱导水稻抗白叶枯病方面，施硅提高了植株体内病程相关蛋白CHI、GLU外切酶以及内切酶的活性，诱导了水稻对白叶枯病的抗性。印度楝树和决明子等4种植物提取物可有效诱导水稻CHI等活性的提高，从而降低了水稻白叶枯病的发生。

研究者证实病原物侵入植株后，植物体内MeJA等含量迅速增加，并诱导防御基因及CHI和GLU等PRs的表达。在外源MeJA诱导水稻抗稻瘟病试验中，MeJA提高了CHI、GLU的活性，降低了稻瘟病的发生（张智慧等，2010），而CHI、GLU在MeJA诱导人参抗锈腐病中发挥了重要作用。此外，用MeJA诱导香蕉试管苗抗枯萎病，CHI、GLU等PRs在根部大量积累，暗示MeJA可能参与了抗病相关的防御系统。

2 试验目的

目前，有关MeJA诱导水稻抗白叶枯病与其激活水稻PRs的关系尚不清楚，鉴于此，本试验以MeJA作为外源激发子，采用喷雾处理5叶1心期水稻苗期常规品种"温229"（感白叶枯病）和"嘉早312"（抗白叶枯病），接种白叶枯病菌后测定水稻叶片中病程相关蛋白GLU和CHI的活性变化，以期为进一步探索MeJA诱导水稻抗白叶枯病生理与分子机理提供参考。

3 试验材料

3.1 水稻幼苗

抗病品种"嘉早312"和感病品种"温229"，均由江西农业大学作物生理生态与遗传育种实验室提供。采用常规浸种催芽方法，选取发芽一致的水稻种子播至24 cm×34 cm×20 cm塑料盆中，每行4丛，每丛5棵，共4列（行间距为5 cm×7 cm），于25～30 ℃、光周期12 L:12 D的生长室中培养，至5叶1心期待用。

3.2 白叶枯病菌

江西农业大学植物病理实验室保存菌种。-80 ℃冷冻保存，试验前于NA培养基（配方：牛肉膏3.0 g，蛋白胨5.0 g，葡萄糖20.0 g，琼脂17.0 g，蒸馏水1000 mL，pH7.0）上活化，28 ℃培养48 h，12000 r/min离心10 min，去除上清液，配制浓度为5×10^8 CFU/mL的菌液，接种待用。

3.3 MeJA

购自美国Sigma公司，先以少量二甲基亚砜（DMSO）溶解，再用含0.1%吐温-80的蒸馏水配成10 mmol/L的溶液备用。

4 试验仪器

超净工作台、人工气候箱、显微镜、恒温培养箱、灭菌锅、电子天平、超低温冰箱、冷冻离心机、制冰机、紫外-可见分光光度计、水浴锅等。

5 试验步骤

5.1 水稻种子处理与幼苗培养

水稻种子用10%的次氯酸钠浸泡1 h进行表面消毒，自来水冲洗后再用蒸馏水冲洗，再将水稻种子置于垫有滤纸的培养皿中，放入（30±1）℃人工气候箱中催芽，待种子露白后，采用国际上常用的沙培法培养。培养皿内先放入50 g灭菌砂，然后放置90粒催芽种子，每个处理3次重复，置于25～30 ℃、光周期12L:12D的生长室中培养。

5.2　水稻叶片的处理与取样

5.2.1　MeJA影响水稻幼苗叶片病程相关蛋白的浓度效应

以浓度为0.05、0.1、0.5、1.0和2.0 mmol/L的MeJA喷雾处理5叶1心期的水稻幼苗，0.1%吐温-80的无菌蒸馏水喷雾为对照，待植株全部叶片湿润后用塑料薄膜覆盖保湿。48 h后用灭菌剪刀蘸取菌液剪叶接种5×10^8 cfu/mL白叶枯病菌菌悬液，剪除各处理（含对照）的幼苗叶尖1.0 cm，每株接种2～3片叶，接种48 h后取各处理水稻叶片0.5 g冷冻保存（-80 ℃），用于酶活性测定。每处理3个重复，每重复1盆，每盆80株。

5.2.2　MeJA影响水稻幼苗叶片病程相关蛋白的动态变化

以浓度为0.1 mmol/L的MeJA喷雾处理5叶1心期水稻幼苗，对照喷施含0.1%吐温-80的无菌蒸馏水，试验设置6组处理。①"温229"：蒸馏水喷雾，用W-CK表示；②"温229"：蒸馏水喷雾+白叶枯病菌接种，用W-Xoo表示；③"温229"：0.1 mmol/L MeJA喷雾+白叶枯病菌接种，用W-MeJA-Xoo表示；④"嘉早312"：蒸馏水喷雾，用J-CK表示；⑤"嘉早312"：蒸馏水喷雾+白叶枯病菌接种，用J-Xoo表示；⑥"嘉早312"：0.1 mmol/L MeJA喷雾+白叶枯病菌接种，用J-MeJA-Xoo表示。每处理3个重复，每重复1盆，每盆80株。喷雾处理后48 h按试验一5.2.3的方法接种白叶枯病病菌。接种后第0、24、48、72、96小时取各组水稻叶片0.5 g冷冻保存（-80 ℃），用于酶活性测定。对照为含0.1%吐温-80的无菌蒸馏水。其余方法同上。

5.3　生理生化指标测定

5.3.1　CHI活性测定

5.3.1.1　粗酶液的提取

采用比色法测定。称取0.5 g水稻叶片样品，置研钵中，加10.0 mL预冷的提取缓冲液，在冰浴条件下研磨成匀浆。将匀浆液转入离心管后于4 ℃、12000 r/min离心30 min，收集上清液，低温保存备用。将上清液转至透析袋中，4 ℃蒸馏水中透析过夜后于4 ℃、10000 r/min离心15 min，上清液即为粗酶液。

5.3.1.2　标准曲线的制作

取6支具塞试管，编号，按表5-1加入各成分。

表5-1 CHI活性测定标准曲线

项目	管号					
	0	1	2	3	4	5
0.1 mol/L N-乙酰葡萄糖胺标准液（mL）	0	0.3	0.6	0.9	1.2	1.5
蒸馏水（mL）	1.5	1.2	0.9	0.6	0.3	0
0.6 mol/L 四硼酸钾溶液（mL）	0.2	0.2	0.2	0.2	0.2	0.2
相当于N-乙酰葡萄糖胺物质的量（μmol）	0	30	60	90	120	150

6支试管中加入0.2 mL 0.6 mol/L四硼酸钾溶液后，置沸水浴中煮沸5 min，冷却后加入2 mL对二甲基氨基苯甲醛（DMAB）与冰醋酸体积比为1∶4的溶液，于37 ℃保温培养40 min显色，测定OD_{585}值，参比空白为0号试管。标准曲线的横、纵坐标分别为OD值和N-乙酰葡萄糖胺物质的量（μmol），求得线性回归方程。

5.3.1.3 酶活性的测定

将0.5 mL 50 mmol/L、pH 5.2醋酸-醋酸钠缓冲液和0.5 mL 10 g/L胶状几丁质悬浮液加入2支反应管中。其中一支反应管加入0.5 mL酶提取液，另一支反应管中加入0.5 mL经煮沸5 min的酶液作为对照，混匀。将反应管于37 ℃水浴锅中保温1 h后，加入0.1 mL 30 g/L的脱盐蜗牛酶，混匀后继续在37 ℃保温培养1 h后立即加入0.2 mL 0.6 mol/L的四硼酸钾溶液，沸水浴3 min后迅速冷却。加入2 mL对二甲基氨基苯甲醛（DMAB）与冰醋酸体积比为1∶4的溶液，于37 ℃保温培养20 min显色，测定OD_{585}值，重复3次。根据样品管与对照管反应液OD值差，结合标准曲线线性回归方程得相应N-乙酰葡萄糖胺物质的量（μmol）。以每秒每克样品（鲜质量）中酶分解胶状几丁质产生$1×10^{-9}$ mol N-乙酰葡萄糖胺为一个CHI活性单位（U/g）。

5.3.2 GLU活性测定

5.3.2.1 粗酶液提取

同4.3.1.1。

5.3.2.2 标准曲线的制作

取7支25 mL具塞刻度试管，按表5-2所示的量加入浓度为1 g/L的葡萄糖标准液和3,5-二硝基水杨酸试剂。

表 5-2　GLU 活性测定标准曲线的制作

项目	管号						
	0	1	2	3	4	5	6
1 g/L 葡萄糖标准液（mL）	0	0.2	0.4	0.6	0.8	1.0	1.2
蒸馏水（mL）	2.0	1.8	1.6	1.4	1.2	1.0	0.8
3,5-二硝基水杨酸试剂（mL）	1.5	1.5	1.5	1.5	1.5	1.5	1.5
相当于葡萄糖质量（mg）	0	0.2	0.4	0.6	0.8	1.0	1.2

各管摇匀于沸水浴中加热 5 min 后立即冷却至室温，再用蒸馏水稀释至 25 mL，混匀，测定显色液 OD_{540} 值，以 0 号管作为参比调零。标准曲线以 OD 值为纵坐标，葡萄糖质量为横坐标，求得线性回归方程。

5.3.2.3　酶活性的测定

将 100 μL 4 g/L 昆布多糖溶液加入 2 支刻度试管中。向一支管中加入 100 μL 酶液，向另一支管中加入 100 μL 煮沸 5 min 的酶液作为对照，混匀。于 37 ℃保温 40 min 后加入 1.8 mL 蒸馏水和 1.5 mL DNS 试剂，沸水浴 3 min。显色反应液用蒸馏水稀释至 25 mL，摇匀，测定混合液 OD_{540} 值，重复 3 次。根据样品及对照管反应液 OD 值的差，结合标准曲线线性回归方程得相应葡萄糖质量（mg）。以每秒每克样品（鲜质量）中酶分解昆布多糖产生 $1×10^{-9}$ mol 葡萄糖为一个 GLU 活性单位（U/g）。

5.4　数据统计与分析

试验采用完全随机设计，采用 Excel 2003 和 DPS 7.05 统计软件进行数据分析处理，用单因素方差分析统计各处理平均值的差异，经 Duncan 氏新复极差法比较各处理间的差异显著性。使用 Origin Pro 8.5 软件作图。

6　试验结果

6.1　MeJA 处理对水稻叶片 CHI 活性的影响

6.1.1　N-乙酰葡萄糖胺标准曲线

CHI 活性测定标准曲线如图 5-1 所示。由图可知，在 0～160 μm 范围内，吸光度 OD_{585} 值与 N-乙酰葡萄糖胺物质的量之间的线性回归方程为 $y=0.0043x+0.0195$，R^2 为 0.9968。

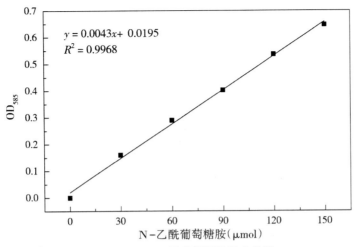

图 5-1　N-乙酰葡萄糖胺标准曲线

6.1.2　不同 MeJA 处理浓度对水稻幼苗叶片 CHI 活性的影响

不同浓度 MeJA 处理后接种白叶枯病菌，感病品种"温 229"和抗病品种"嘉早 312"的 CHI 活性如图 5-2 所示。感病品种"温 229"的 CHI 活性在 MeJA 浓度为 0.5 mmol/L 时达最大值，为对照的 1.66 倍，随之缓慢降低，至 2.0 mmol/L 时减弱至对照的 61.14%；当 MeJA 浓度为 0.1 mmol/L 时，"嘉早 312"的 CHI 活性最强，为对照的 1.57 倍，随之减弱，由此说明 MeJA 处理后水稻叶片 CHI 活性变化存在浓度效应，抗病品种较感病品种对 MeJA 浓度更敏感，但感病品种上升幅度较抗病品种大。

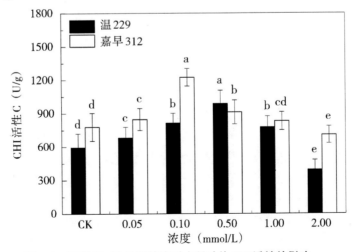

图 5-2　不同 MeJA 处理浓度对水稻叶片 CHI 活性的影响

注：图柱上方不同小写字母表示处理间经 Duncan 氏新复极差法检验，在 $P < 0.05$ 水平差异显著。

6.1.3 MeJA影响水稻幼苗叶片CHI活性的动态变化

图5-3所示，与对照相比，接种后96 h内水稻CHI活性显著增强。感病品种"温229"经MeJA处理再接种和MeJA未处理接种的CHI活性逐渐增强，至48 h达最大值，分别为对照的1.48倍和1.31倍（图5-3A）；抗病品种"嘉早312"中，MeJA处理再接种和MeJA未处理接种，其CHI活性最大值提前至接种后48 h，分别为对照的1.74倍和1.54倍（图5-3B）。以上试验结果表明，不同抗性水稻经MeJA处理再接种和MeJA未处理接种，抗病品种CHI活性上升更迅速，感病品种上升较缓慢；MeJA处理再接种的CHI活性始终大于MeJA未处理即接种的CHI活性。

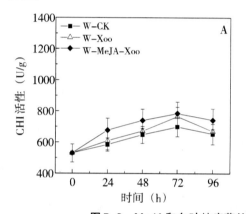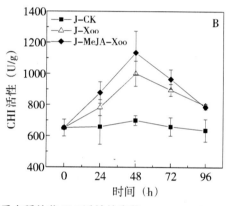

图5-3　MeJA和白叶枯病菌处理后水稻幼苗CHI活性的变化

注：W-CK表示感病品种"温229"空白对照，W-Xoo表示感病品种"温229"未经MeJA处理即接种处理，W-MeJA-Xoo表示感病品种"温229"经MeJA处理再接种处理；J-CK表示抗病品种"嘉早312"空白对照，J-Xoo表示抗病品种"嘉早312"未经MeJA诱导即接种处理，J-MeJA-Xoo表示抗病品种"嘉早312"经MeJA诱导再接种处理。

6.2 MeJA处理对水稻幼苗GLU活性的影响

6.2.1 葡萄糖标准曲线

由图5-4可知，当葡萄糖质量在0～1.2 mg范围内，吸光度值OD_{540}与葡萄糖质量之间线性回归方程为$y=0.5752x-0.0304$，R^2达0.9903。

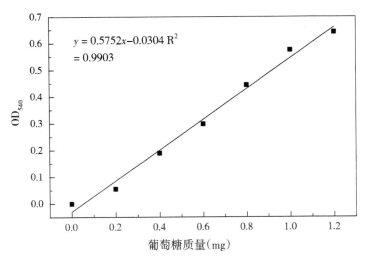

图5-4　葡萄糖标准曲线

6.2.2　MeJA影响水稻幼苗叶片GLU活性的浓度效应

水稻感染白叶枯病菌后叶片GLU活性的变化如图5-3所示。感病品种"温229"和"嘉早312"的GLU活性均在MeJA浓度为0.5 mmol/L时达最大值，分别比对照增加68.14%和57.18%，而后逐渐下降。

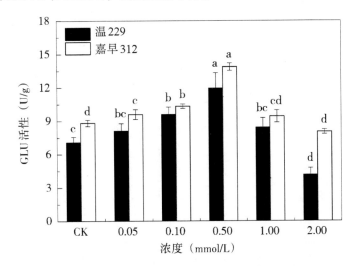

图5-5　不同MeJA处理浓度对水稻叶片GLU活性的影响

注：图柱上方不同小写字母表示处理间经Duncan氏新复极差法检验，在$P<0.05$水平差异显著。

6.2.3 水稻幼苗叶片GLU活性对MeJA处理的动态响应

从图5-6可知，接种白叶枯病菌后96 h内，水稻叶片GLU活性显著增强，MeJA处理再接种的GLU活性增幅大于未经MeJA处理即接种处理的，而没有接种的对照叶片GLU活性变化较小。在感病品种"温229"中，MeJA处理再接种和MeJA未处理即接种的水稻叶片GLU活性分别于接种后48 h和72 h后达最大值，分别为对照的2.03倍和1.86倍（图5-6A）；抗病品种"嘉早312"经MeJA处理再接种和MeJA未处理即接种，其GLU活性变化更迅速，分别提前至接种后24 h和48 h达最大值，分别为对照的1.83倍和1.71倍（图5-6B）。说明MeJA诱导可以提高水稻植株体内GLU活性，从而增强其抗病性。

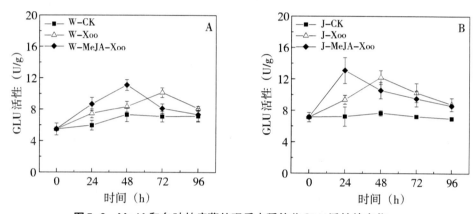

图5-6 MeJA和白叶枯病菌处理后水稻幼苗GLU活性的变化

注：W-CK表示感病品种"温229"空白对照，W-Xoo表示感病品种"温229"未经MeJA处理即接种处理，W-MeJA-Xoo表示感病品种"温229"经MeJA处理再接种处理；J-CK表示抗病品种"嘉早312"空白对照，J-Xoo表示抗病品种"嘉早312"未经MeJA诱导即接种处理，J-MeJA-Xoo表示抗病品种"嘉早312"经MeJA诱导再接种处理。

7 试验讨论

本试验结果表明，在MeJA浓度为0.05～2.0 mmol/L范围内，低浓度（0.1～1.0 mmol/L）MeJA增强了水稻幼苗病程相关蛋白GLU和CHI的活性，当MeJA浓度增大至2.0 mmol/L时反而抑制GLU和CHI活性，与前期试验MeJA诱导水稻抗白叶枯病效应的适宜浓度范围相一致，说明MeJA促进GLU和CHI活性的增强存在浓度效应。研究者用系列浓度的MeJA喷雾处理香蕉和水稻，发现MeJA显著诱导了香蕉抗炭疽病和水稻抗稻瘟病，激发了植株体内GLU和CHI的活性，其最佳处理浓度均为0.1 mmol/L，而MeJA熏蒸葡萄，使葡萄果实采后病害显著降低的MeJA最佳浓度为0.01 mmol/L。以上结果表明，MeJA对植物抗病性、GLU和CHI

活性的促进作用可能与其作用方式以及植物种类有关。

水稻幼苗接种白叶枯病菌后96 h内，植株体内GLU和CHI活性较对照均呈动态变化趋势。没有接种的GLU和CHI活性变化不大，MeJA预处理后再接种白叶枯病菌的叶片CHI活性始终高于MeJA未处理即接种的，说明MeJA预处理提高了接种后水稻幼苗GLU和CHI活性。本试验中MeJA诱导水稻幼苗后接种，叶片内GLU和CHI活性最大值出现在接种后24~48 h，用MeJA预处理水稻后接种稻瘟病菌后水稻叶片GLU和CHI活性最强时间依次出现在接种后48 h和24 h，两结果类似。而MeJA诱导人参抗锈腐病试验发现，GLU和CHI活性分别于接种后12 d和15 d达最高峰；其他诱导剂如BTH诱导花椰菜抗菌核病试验中，花椰菜叶片GLU和CHI活性最大值在接种后4~7 d出现。寄主经MeJA等外源诱导物处理后接种病原菌，其体内GLU和CHI活性出现高峰的时间不同，可能与诱导物以及病原菌不同而各异，暗示MeJA激发GLU和CHI活性并参与了寄主植物–病原物复杂的互作过程，致使GLU和CHI活性表达不尽相同。

GLU和CHI活性变化与水稻抗性水平正相关：感病品种"温229"的酶活性高峰出现迟，维持时间短，增幅小；与之相比，抗病品种"嘉早312"的酶活性高峰出现时间早，维持时间长，增幅大。从以上结果推论MeJA激发水稻GLU和CHI活性的增强可能与品种本身抗性遗传背景有关，此结论与在MeJA诱导水稻抗稻瘟病中高度非亲和性互作水稻GLU和CHI活性的高峰期出现和强度明显要早且高于亲和性互作水稻相一致，并进一步印证了大豆抗疫霉根腐病、硅诱导水稻抗纹枯病、NO和H_2O_2诱导葡萄抗霜霉病以及BTH诱导花椰菜抗菌核病等感、抗品种在寄主植物与病原菌互作系统中GLU和CHI活性变化的结果。

水稻经MeJA处理后在抵御白叶枯病菌过程中植株体内如JA和MeJA等JAs物质含量的变化、JA生物合成相关基因的表达与诱导抗病性的关系等问题，尚需提供分子生物学等证据以进一步揭示MeJA诱导水稻抗白叶枯病的机制。

试验六 转JA生物合成基因 *OsAOS1* 和 *OsOPR7* 水稻抗白叶枯病分析

1 试验背景

植物受到病原物胁迫后，能直接或间接诱导体内一系列防御反应的信号转导途径关键酶合成基因的表达，启动相关的防御信号转导途径，激活植物自身防御系统，达到自我保护。其中JA信号转导途径是当前植物对逆境响应信号转导途径的研究热点之一。丙二烯氧化物合成酶（AOS）和12-氧-植物二烯酸还原酶（OPR）基因是JA生物合成的关键酶基因，也是影响JA信号途径的调控基因，同时AOS是细胞色素P450的CYP74家族成员，而植保素生物合成必需细胞色素P450基因的参与。AOS经十八碳酸途径合成JA，OPR为12-氧代-植物二烯酸（OPDA）还原成JA生物合成的首个环戊酮前体物。不同AOS基因在转基因植株的过量表达对植株JA含量影响不同，马铃薯转基因植株JA含量的提高可通过亚麻AOS基因的过量表达，但拟南芥AOS基因在拟南芥和烟草中过量表达却不能提高转基因植株的JA水平。

研究者确定了水稻4个AOS基因，并将其命名为 *OsAOS1-4*，其中 *OsAOS1* 和 *OsAOS4* 在水稻苗期的转录表达受红光和远红光调控，*OsAOS1* 除光诱导外还可被伤害诱导上调。研究表明，*OsAOS2* 在水稻植株表达基础水平非常低，但外源JA和稻瘟病菌诱导了 *OsAOS2* 基因表达并调控植株内源JA的合成，从而提高了水稻植株的局部抗病性。位于水稻第8染色体属于OPR家族的 *OsOPR7* 基因，其编码的酶参与JA的生物合成。OsOPR7-His的重组蛋白有效地催化顺式-OPDA的两种异构体的还原反应，这与拟南芥的OPR3蛋白类似。*OsOPR7* 受机械损伤和干旱胁迫诱导表达，并在处理后0.5 h表达达到最高值，同时 *OsOPR7* 表达上调的同时内源JA的含量开始升高。

2 试验目的

前期试验围绕MeJA诱导处理对水稻叶片生长、叶片形态结构变化、抗氧化酶活性、酚类物质含量变化以及病程相关蛋白等抗病形态结构及生理生化角度阐述了 MeJA 诱导水稻抗白叶枯病的机制。本研究采用课题组以基因来源材料为粳稻品种日本晴（*Oryza sativa* L. ssp. *japonica* cv. *Nipponbare*）、转化受体材料为粳稻品种武运粳 7 号（*Oryza sativa* L. ssp. *japonica* cv. *Wuyunjing* 7，抗白叶枯病）获得的转 JA 生物合成基因 *OsAOS1* 和 *OsOPR7* 植株为试验材料，在苗期和孕穗期测定转基因水稻对白叶枯病的抗病功能及相关防御酶的活性变化，以期为 MeJA 在水稻和其他寄主植物防御反应的作用提供分子生物学试验证据。

3 试验材料

3.1 转基因水稻

基因来源材料为粳稻品种日本晴（*Oryza sativa* L. ssp. *japonica* cv. *Nipponbare*），转化受体材料为粳稻品种武运粳 7 号（*Oryza sativa* L. ssp. *japonica* cv. *Wuyunjing* 7，抗白叶枯病），由江西农业大学植物病理实验室提供，见表6-1。

表 6-1 转基因家系

序号	水稻家系	序号	水稻家系	序号	水稻家系	序号	水稻家系
1	AOS1OE-1	8	AOS1Ri-1	15	OPR7OE-1	23	OPR7Ri-1
2	AOS1OE-3	9	AOS1Ri-2	16	OPR7OE-4	24	OPR7Ri-2
3	AOS1OE-5	10	AOS1Ri-4	17	OPR7OE-5	25	OPR7Ri-4
4	AOS1OE-6	11	AOS1Ri-18	18	OPR7OE-6	26	OPR7Ri-5
5	AOS1OE-7	12	AOS1Ri-20	19	OPR7OE-9	27	OPR7Ri-6
6	AOS1OE-10	13	AOS1Ri-24	20	OPR7OE-10	28	OPR7Ri-10
7	AOS1OE-11	14	AOS1Ri-25	21	OPR7OE-14	29	OPR7Ri-14
				22	OPR7OE-19	30	OPR7Ri-16

注：1~7 表示 *OsAOS1* 超量表达株系，8~14 表示 *OsAOS1* 抑制表达株系，15~22 表示 *OsOPR7* 超量表达株系，23~30 表示 *OsOPR7* 抑制表达株系。

3.2 转基因植株目标基因的表达量和 JA 水平

试验材料中转基因可有效调控植株 JA 生物合成，*OsAOS1* 或 *OsOPR7* 目标基因的表达受 RNAi 的干扰，伤害诱导同样影响了目标基因的表达，RNAi 的干扰较伤害诱导对目标基因的表达影响更明显。部分转基因植株目标基因的表达和 JA 水平相关信息见图 6-1。

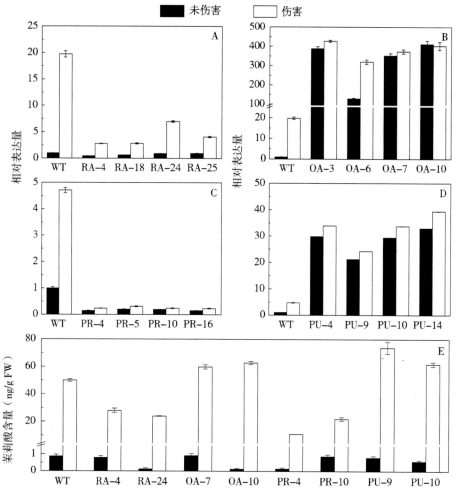

图6-1　转基因和野生型植株未伤害和伤害（1 h）叶片目标基因表达量和JA含量

注：A表示*OsAOS1*基因RNAi抑制表达，B表示*OsAOS1*基因超量表达；C表示*OsOPR7*基因RNAi抑制表达，D表示*OsOPR7*基因超量表达；E表示JA含量，RA表示*AOS1Ri*，OA表示*AOS1OE*，PR表示*OPR7OE*，PU表示*OPR7Ri*。

3.3　白叶枯病菌

江西农业大学植物病理实验室保存菌种。−80 ℃冷冻保存，试验前于NA培养基（配方：牛肉膏3.0 g，蛋白胨5.0 g，葡萄糖20.0 g，琼脂17.0 g，蒸馏水1000 mL，pH7.0）上活化，28 ℃培养48 h，12000 r/min离心10 min，去除上清液，配制浓度为5×10⁸ cfu/mL的菌液，接种待用。

4 试验仪器

超净工作台、人工气候箱、显微镜、光照培养箱、灭菌锅、电子天平、超低温冰箱、冷冻离心机、制冰机、紫外-可见分光光度计、水浴锅等。

5 试验步骤

5.1 转基因水稻种子处理

将转JA生物合成基因水稻T_0代种子置于含50 mg/L潮霉素的生根培养基上发芽，野生型对照种子在不含潮霉素的生根培养基上发芽，放置光照培养室中，7 d后选择阳性T_1代和野生型幼苗移栽至生长室和大田中。

5.2 转基因水稻T_1代培养

将催好芽的阳性T_1代和野生型种子，分苗期测定和孕穗期测定两组。苗期测定材料：种植于53 cm×42 cm×25 cm塑料盆中，每盆1个家系，8个单株，每行4株，共2行。于25～30 ℃、光周期12L:12D的生长室中培养，至5叶1心期待用；孕穗期测定材料：种植于大田，每个家系20个单株，分2行，每行10株，常规田间水肥管理。

5.3 转基因水稻T_1代对白叶枯病抗性评价

用灭菌剪刀蘸取菌液剪去叶尖1.0～2.0 cm，每株接种2～3片叶，每处理3个重复。接种后15～20 d待野生型对照发病稳定时统计病情指数，每处理调查15片叶，逐叶测量被剪水稻叶片的病斑长度和叶片全长，按分级标准记载病情并计算病情指数（方中达等，1990）和诱导效果：

$$病情指数 = \frac{\sum(各级病叶数 \times 该病级值)}{调查总叶数 \times 最高级值} \times 100\%$$

$$诱导效果 = \frac{对照组病情指数 - 处理组病情指数}{对照组病情指数} \times 100\%$$

5.4 转基因水稻T_1代抗性相关生理指标测定

苗期各转基因水稻家系接种后0、24、48、72和96 h取接种叶片0.5 g冷冻保存（-80 ℃），用于酶活性测定，对照为清水接种。

5.4.1 PAL活性测定

粗酶液提取：参考Qin等（2005）方法，略改动。称取水稻样品0.5 g，加入5 mL提取液（含50 mmol/L pH8.8 Tris-HCl缓冲液；15 mmol/L β-巯基乙醇；5 mmol/L EDTA；5 mmol/L ASA；1 mmol/L PMSF；0.15% PVP），匀浆后12000 r/min 4 ℃离心20 min，上清液即为PAL粗酶液。

酶活性测定：取2支试管，分别加入0.1 mL酶提取液和2.9 mL反应液（含16 mmol/L L-苯丙氨酸，3.6 mmol/L NaCl，50 mmol/L、pH8.9 Tris-HCl），混匀。一支试管加入0.5 mL 6 mol/L HCl后立即于290 nm测定OD值；另一支试管在37 ℃下震荡反应1 h后，加0.5 mL 6 mol/L HCl终止反应，12000 r/min离心10 min，取上清液测定OD_{290}。参比加入0.1 mL双蒸水。OD值每变化0.01即生成1 μg反式肉桂酸，以每小时生成的肉桂酸的量表示酶活性。

5.4.2 LOX活性测定

粗酶液提取：参照李云锋等（2005）的方法。称取0.5 g鲜样叶片加液氮研磨，加入预冷的50 mmol/L磷酸缓冲液（pH7.0，含1% PVP）4 mL匀浆，4 ℃16000 r/min离心20 min，上清液即为粗酶液。

酶活性测定：参考姚锋先等（2006）方法。将底物溶液和待测酶粗提液置于30 ℃的条件下平衡15 min。取0.1 mL酶粗提液加入到2.4 mL的底物溶液中，迅速混匀，利用TU-1800紫外可见分光光度计在234 nm条件下测定反应体系的OD值。加入酶液后30 s读取第1个OD值，之后每隔1 min读取1次，连续读取8个数值。以OD值与反应时间作图，按最初线性部分的斜率计算出单位时间的OD值变化，LOX活性（鲜质量）以$\Delta OD_{234}/g \cdot min$表示，重复3次。

5.4.3 CHI活性测定

5.4.3.1 粗酶液的提取

采用比色法测定（曹建康等，2007），并做适当调整。称取0.5 g水稻叶片样品，置研钵中，加10.0 mL预冷的提取缓冲液，在冰浴条件下研磨成匀浆。将匀浆液转入离心管后于4 ℃、12000 r/min离心30 min，收集上清液，低温保存备用。将上清液转至透析袋中，4 ℃蒸馏水中透析过夜后于4 ℃、10000 r/min离心15 min，上清液即为粗酶液。

5.4.3.2 标准曲线的制作

取6支具塞试管，编号，按表6-2加入各成分。

表6-2 CHI活性测定标准曲线

项目	管号					
	0	1	2	3	4	5
0.1 mol/L N-乙酰葡萄糖胺标准液（mL）	0	0.3	0.6	0.9	1.2	1.5
蒸馏水（mL）	1.5	1.2	0.9	0.6	0.3	0
0.6 mol/L四硼酸钾溶液（mL）	0.2	0.2	0.2	0.2	0.2	0.2
相当于N-乙酰葡萄糖胺物质的量（μmol）	0	30	60	90	120	150

6支试管中加入0.2 mL 0.6 mol/L四硼酸钾溶液后，置沸水浴中煮沸5 min，冷却后加入2 mL对二甲基氨基苯甲醛（DMAB）与冰醋酸体积比为1∶4的溶液，于37 ℃保温培养40 min显色，测定OD_{585}值，参比空白为0号试管。标准曲线的横、纵坐标分别为OD值和N-乙酰葡萄糖胺物质的量（μmol），求得线性回归方程。

5.4.3.3　酶活性的测定

将0.5 mL 50 mmol/L pH5.2醋酸-醋酸钠缓冲液和0.5 mL 10 g/L胶状几丁质悬浮液加入2支试管中。其中一支试管加入0.5 mL酶提取液，另一支试管中加入0.5 mL经煮沸5 min的酶液作为对照，混匀。将试管于37 ℃水浴锅中保温1 h后，加入0.1 mL 30 g/L的脱盐蜗牛酶，混匀继续在37 ℃保温培养1 h后立即加入0.2 mL 0.6 mol/L的四硼酸钾溶液，沸水浴3 min后迅速冷却。加入2 mL对二甲基氨基苯甲醛（DMAB）与冰醋酸体积比为1∶4的溶液，于37 ℃保温培养20 min显色，测定OD_{585}值，重复3次。根据样品管与对照管反应液OD值差，结合标准曲线线性回归方程得相应N-乙酰葡萄糖胺物质的量（μmol）。以每秒每克样品（鲜质量）中酶分解胶状几丁质产生$1×10^{-9}$ moL N-乙酰葡萄糖胺为一个CHI活性单位（U/g）。

5.4.4　GLU活性测定

5.4.4.1　粗酶液提取

同5.4.3.1。

5.4.4.2　标准曲线的制作

取7支25 mL具塞刻度试管，按表6-3所示的量加入浓度为1 g/L的葡萄糖标准液和3,5-二硝基水杨酸试剂。

表6-3　GLU活性测定标准曲线的制作

项目	管号						
	0	1	2	3	4	5	6
1 g/L葡萄糖标准液（mL）	0	0.2	0.4	0.6	0.8	1.0	1.2
蒸馏水（mL）	2.0	1.8	1.6	1.4	1.2	1.0	0.8
3,5-二硝基水杨酸试剂（mL）	1.5	1.5	1.5	1.5	1.5	1.5	1.5
相当于葡萄糖质量（mg）	0	0.2	0.4	0.6	0.8	1.0	1.2

各管摇匀于沸水浴中加热5 min后立即冷却至室温，再用蒸馏水稀释至25 mL，混匀，测定显色液OD_{540}值，以0号管作为参比调零。标准曲线以OD值为纵

坐标，葡萄糖质量为横坐标，求得线性回归方程。

5.4.4.3 酶活性的测定

将100 μL 4 g/L昆布多糖溶液加入2支刻度试管中。一支试管中加入100 μL酶液，向另一支试管中加入100 μL煮沸5 min的酶液作为对照，混匀。于37 ℃保温40 min后加入1.8 mL蒸馏水和1.5 mL DNS试剂，沸水浴3 min。显色反应液用蒸馏水稀释至25 mL，摇匀，测定混合液OD_{540}值，重复3次。根据样品及对照管反应液OD值的差，结合标准曲线线性回归方程得相应葡萄糖质量（mg）。以每秒每克样品（鲜质量）中酶分解昆布多糖产生$1×10^{-9}$ mol 葡萄糖为一个GLU活性单位（U/g）。

5.5 数据统计与分析

试验采用完全随机设计，采用Excel 2003和DPS 7.05统计软件进行数据分析处理，用单因素方差分析统计各处理平均值的差异，经Duncan氏新复极差法比较各处理间的差异显著性。使用Origin Pro 8.5软件作图。

6 试验结果

6.1 转JA合成基因水稻T_1代超表达植株抗白叶枯病评价

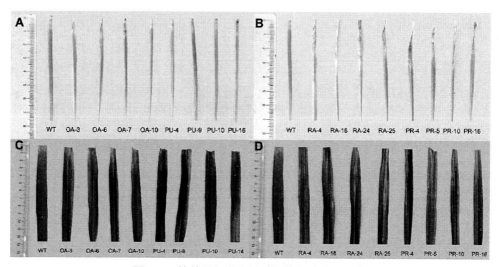

图6-2 转基因和野生型植株抗白叶枯病评价

注：A表示苗期野生型与转 *OsAOS1* 和 *OsOPR7* 基因超量表达株系接种后病斑；B表示苗期野生型与转 *OsAOS1* 和 *OsOPR7* 基因抑制表达株系接种后病斑；C表示孕穗期野生型与转 *OsAOS1* 和 *OsOPR7* 基因超量表株系接种后病斑；D表示孕穗期野生型与转 *OsAOS1* 和 *OsOPR7* 基因抑制表达株系接种后病斑；WT表示表示野生型，RA表示AOS1Ri，OA表示AOS1OE，PR表示OPR7OE，PU表示OPR7Ri。

从图6-2以及表6-4中可知，试验中32个转基因株系与野生型在幼苗期和孕穗期接种15 d后叶片均有病斑出现，表明白叶枯病菌已侵染转基因植株。与野生型比较，转*OsAOS1*和*OsOPR7*基因水稻15个超表达株系除幼苗期的OPR7OE-19外，其余14个超表达株系与对照相比病情指数差异不显著（图6-2A、图6-2C和表6-4）。

6.2 转JA合成基因水稻T₁代RNAi株系抗白叶枯病评价

转*OsAOS1*和*OsOPR7*基因RNAi抑制表达植株对白叶枯病的抗性如图6-1B、图6-1D和表6-4所示。接种15 d后，14个RNAi株系中除幼苗期的AOS1Ri-2和孕穗期的OPR7Ri-5和OPR7Ri-14外，其他11个株系的病情指数，与野生型相比，均显著升高（图6-1B、图6-1D和表6-4）。

表6-4 转JA合成基因*OsAOS1*、*OsOPR7*水稻T₁代株系抗白叶枯病分析

序号	水稻家系	幼苗期病情指数	孕穗期病情指数
1	AOS1OE-1	31.23±4.83abc	29.65±4.81cde
2	AOS1OE-3	25.15±2.83c	30.57±2.83cde
3	AOS1OE-5	26.82±4.94bc	28.91±1.74de
4	AOS1OE-6	28.20±3.59abc	27.28±2.79e
5	AOS1OE-7	31.61±5.47abc	32.85±5.18bcde
6	AOS1OE-10	29.02±1.26abc	27.78±4.75e
7	AOS1OE-11	30.51±4.68abc	25.93±4.68e
8	AOS1Ri-1	37.18±3.01a	42.64±3.75a
9	AOS1Ri-2	34.96±5.55ab	37.08±5.25abc
10	AOS1Ri-4	35.62±7.21ab	41.40±5.55a
11	AOS1Ri-18	36.68±2.70ab	42.13±4.87a
12	AOS1Ri-20	37.59±3.65a	27.04±3.87e
13	AOS1Ri-24	36.92±9.60a	36.04±3.84abcd
14	AOS1Ri-25	36.34±6.51ab	38.13±2.23ab
15	WT1	26.76±4.27c	29.27±2.11de
16	OPR7OE-1	26.71±1.64g	28.33±1.71g
17	OPR7OE-4	31.58±4.02efg	26.74±2.73g

续表6-4

序号	水稻家系	幼苗期病情指数	孕穗期病情指数
18	OPR7OE-5	32.51±1.41efg	27.22±4.66g
19	OPR7OE-6	30.17±1.86efg	25.41±4.59g
20	OPR7OE-9	34.98±5.41def	39.06±4.72cde
21	OPR7OE-10	28.17±3.17fg	30.96±2.77fg
22	OPR7OE-14	34.65±3.40def	37.22±2.56def
23	OPR7OE-19	42.31±3.86abc	41.78±3.68bcd
24	OPR7Ri-1	43.49±1.37abc	45.87±1.83bc
25	OPR7Ri-2	43.08±4.38abc	47.19±5.46ab
26	OPR7Ri-4	37.32±1.73cde	46.37±6.22bc
27	OPR7Ri-5	42.10±4.09abc	30.29±4.34fg
28	OPR7Ri-6	44.68±2.99ab	40.36±4.30bcd
29	OPR7Ri-10	46.04±3.12ab	42.71±2.50bcd
30	OPR7Ri-14	39.89±8.07bcd	32.79±2.36efg
31	OPR7Ri-16	47.83±4.22a	53.56±4.73a
32	WT2	29.98±4.78fg	32.19±5.08efg

注：1～7表示 $OsAOS1$ 超量表达株系，8～14表示 $OsAOS1$ RNAi株系，15表野生型WT1，16～23表示 $OsOPR7$ 超量表达株系，24～31表示 $OsOPR7$ RNAi株系，32表野生型WT2。

6.3 转JA合成基因水稻T₁代接种后抗性相关酶活性分析

6.3.1 接种后转基因RNAi株系PAL的活性变化

与超表达株系比较，RNAi干涉对水稻抗白叶枯病的影响更明显。为了验证RNAi抑制表达株系对水稻白叶枯病的抗性与相关防御酶的关系，测定了8个RNAi株系接种白叶枯病菌后植株PAL的活性变化。从图6-3可知，所有植株接种后96 h内PAL活性均有不同程度升高。野生型WT先升高于48 h达到高峰，为初始值的1.58倍，随后略有下降；RNAi株系接种后PAL活性升高缓慢至96 h达最高值，且始终显著低于野生型。说明 $OsAOS1$ 和 $OsOPR7$ 基因RNAi干涉显著降低了转基因植株PAL活性。

6.3.2　接种后转基因 RNAi 株系 LOX 的活性变化

转基因 RNAi 株系和野生型植株接种白叶枯病菌后 96 h 内，植株幼苗 LOX 活性变化如图 6-4 所示。未接种时野生型植株 LOX 活性初始值显著高于 RNAi 株系，接种后迅速升高至 24 h 达最大值，为初始值的 2.11 倍，随后逐渐下降，但始终显著高于转基因株系。RNAi 株系叶片 LOX 活性接种后 0～96 h 缓慢上升，且始终显著低于野生型植株，转基因 RNAi 株系之间在各测定时间点无明显差异。

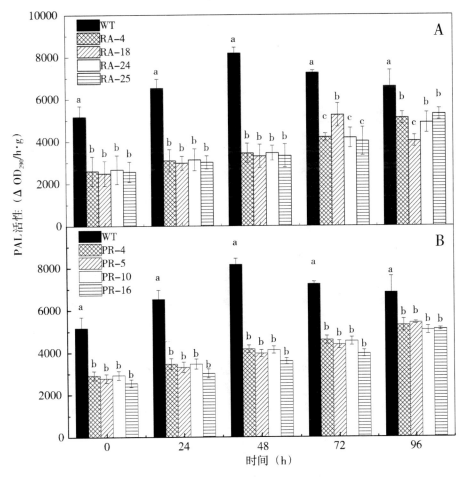

图 6-3　接菌后 RNAi 抑制表达植株的 PAL 活性变化

注：WT 表示野生型，RA 表示 AOS1Ri，PR 表示 OPR7Ri；A 表示野生型与转 *OsAOS1* 基因 RNAi 干涉株系接菌后 PAL 活性变化；B 表示野生型与转 *OsOPR7* 基因 RNAi 干涉株系接菌后 PAL 活性变化。

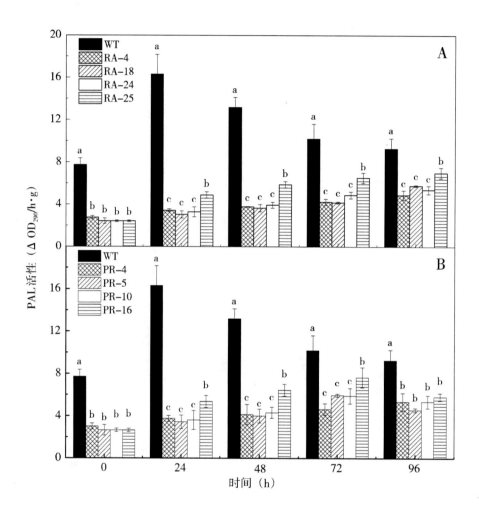

图6-4　接菌后RNAi抑制表达植株的LOX活性变化

注：WT表示野生型，RA和PR分别表示AOS1Ri和OPR7Ri；A表示野生型WT与转 *OsAOS1* 基因RNAi干涉4个株系接菌后LOX活性变化；B表示野生型WT与转 *OsOPR7* 基因 RNAi干涉4个株系接菌后LOX活性变化。

6.3.3　接种后转基因RNAi株系CHI的活性变化

转基因RNAi株系和对照野生型水稻叶片CHI活性变化如图6-5所示。接种白叶枯病菌后，所有植株的CHI活性均升高。野生型接种后CHI活性迅速升高，至48 h达最大值，显著高于RNAi抑制表达株系。其中转 *OsAOS1* 基因RNAi抑制表达株系AOS1Ri-4、AOS1Ri-18、AOS1Ri-24和AOS1Ri-25分别为野生型的69.93%、68.16%、58.63%和69.95%；转 *OsOPR7* 基因RNAi株系OPR7Ri-4、

OPR7Ri-5、OPR7Ri-10和OPR7Ri-16分别为野生型的70.58%、74.25%、60.31%和70.96%。

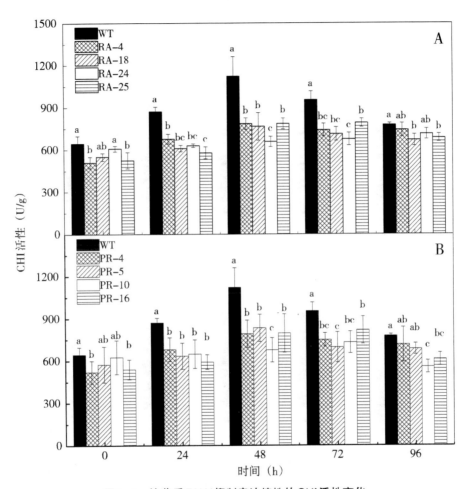

图6-5　接菌后RNAi抑制表达植株的CHI活性变化

注：WT表示野生型，RA和PR分别表示AOS1Ri和OPR7Ri；A表示野生型WT与转 *OsAOS1* 基因RNAi抑制表达株系接菌后CHI活性变化；B表示野生型WT与转 *OsOPR7* 基因RNAi抑制表达株系接菌后CHI活性变化。

6.3.4　接种后转基因RNAi株系GLU的活性变化

接种白叶枯病菌后，转基因植株和野生型的GLU活性变化如图6-6所示。0 h时转基因植株GLU活性均低于对照野生型。接种白叶枯病菌后，所有植株GLU活性均升高，野生型显著高于转基因RNAi植株。接种后24 h，野生型GLU活性达最大值，明显高于转基因RNAi株系，转 *OsAOS1* 和 *OsOPR7* 基因RNAi株系之间在各测定时间点大部分无明显差异。

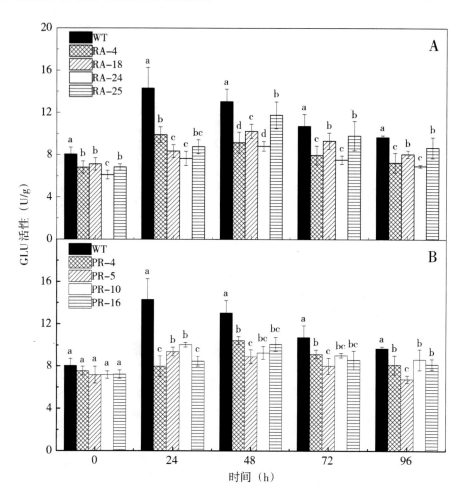

图6-6 接菌后RNAi抑制表达植株的GLU活性变化

注：WT表示野生型，RA和PR分别表示AOS1Ri和OPR7Ri；A表示野生型WT与转 *OsAOS1* 基因RNAi干涉4个株系接菌后GLU活性变化；B表示野生型WT与转 *OsOPR7* 基因 RNAi干涉4个株系接菌后GLU活性变化。

7　试验讨论

本试验结果表明，接种白叶枯病菌后，转 *OsAOS1* 和 *OsOPR7* 基因超表达株系白叶枯病病情指数与野生型差异大部分株系未达显著水平，而RNAi抑制表达株系病情指数在幼苗期和孕穗期大部分明显高于超表达株系和野生型。外源JA

可有效提高水稻抗白叶枯病，本试验 *OsAOS1* 和 *OsOPR7* 基因超表达没有明显提高转基因株系对白叶枯病抗性，而RNAi抑制表达却显著限制了转基因株系对白叶枯病的抗性，推测可能原因为：

（1）转基因超表达并没有显著改变水稻体内JA的基础水平。与野生型比较，尽管 *OsAOS1* 和 *OsOPR7* 超表达有效调控了目标基因的表达，但是植株的基础JA水平并无明显提高，本试验结论支持了拟南芥超表达 AtAOS 基因不会增加植株体内JA基础水平的观点。转基因植株中JA的生物合成途径可能还受到其他催化酶的限制，或受到正反馈调控。

（2）RNAi干涉抑制了 *OsAOS1* 和 *OsOPR7* 的表达，阻碍了转基因体内JA的生物合成。OsAOS1-RNAi 及 OsOPR7-RNAi 的JA含量较野生型明显降低，RNAi干涉抑制 *OsAOS1* 和 *OsOPR7* 的表达并阻碍了转基因植株的JA生物合成。有研究发现，JA合成底物亚麻酸（LNA）转 *OsFAD7* 和 *OsFAD8* 基因RNAi干涉促进了转基因株系JA的积累，增强了对稻瘟病的抗性。不同基因RNAi干涉对转基因株系JA基础水平的作用可能不同，但该结论却从另一角度证明了RNAi干涉对JA基础水平的影响与抗病性的关系为正相关，暗示转基因水稻内源JA的缺失可能影响对白叶枯病的抗性。

（3）转化受体材料武运粳7号本身抗白叶枯病，超表达株系抗性提高幅度不明显，而RNAi抑制可显著降低转基因植株的抗性水平，暗示受体材料武运粳对白叶枯病的抗性很可能主要依赖JA途径。

本试验接种白叶枯病菌后96 h，转基因RNAi抑制表达株系PAL、LOX、CHI和GLU活性始终显著低于对照。可能是由于转基因植株受RNAi干扰，抑制了上述4种防御酶活性增强。此外，LOX参与了植株体内JA的合成，而JA与植物抗病密切相关。研究者发现，抗稻瘟病单基因系抗性水平与PAL、CHI和GLU等防御酶活性水平基本呈正相关关系，转基因小麦植株PAL、CHI和GLU活性变化同样证实了抗病基因的表达正向参与了小麦赤霉病抗性调控。由此推测，植物病害防御系统是各种因素协同调控的结果，而 *OsAOS1* 和 *OsOPR7* 基因表达受RNAi干涉，可能扰乱了该系统部分保护酶基因、病程相关蛋白基因等正常诱导表达，同时有些抗病相关基因也可能会被抑制或推迟表达，从而表现酶活性增幅不一致。

本试验在生长室和大田环境下测定了转JA合成基因水稻 T_1 代接种后白叶枯病病情指数，结合抗病相关酶活性变化与抗病性的关系初步分析了转JA生物合成基因 *OsAOS1* 和 *OsOPR7* 超表达和RNAi抑制表达植株抗白叶枯病的分析，从分子生物学角度为MeJA等JAs类物质诱导水稻抗白叶病的机理提供了试验证据，目前有报道从蛋白质组学角度分析比较了JAs类诱导不同水稻品种的防御反应，关于MeJA诱导水稻抗白叶病的组学研究有待深入探索。另外，有关MeJA诱导水稻抗白叶枯病效应的稳定性及实践应用的潜能和可行性需结合田间试验进一步研究。

试验七 茉莉酸甲酯诱导梨果实抗青霉病的效应

1 试验背景

"翠冠"梨（*Pyrus pyrifolia* cv. Cuiguan）又名"六月雪"，因其成熟早、品质优，已被全国十几个省市引种，深受广大消费者喜爱，但因其采后呼吸旺盛，果实衰老快，且皮薄易破，梨果实采后病害是引起梨贮运期间果实品质下降的重要因素，其中扩展青霉（*Penicillium expansum*）引起的梨青霉病是重要的采后病害之一，对梨生产造成巨大经济损失。扩展青霉主要通过梨果实表面的机械损伤口和皮孔侵染果实，在寄主内孢子不断萌发菌丝持续生长，进而造成寄主细胞死亡，果实发病腐烂。目前化学药剂防治仍然是梨青霉病的主要防治措施，但随着消费者对自身健康和食物化学残留的重视，急需寻找一种安全绿色的途径控制梨果实采后青霉病。

茉莉酸甲酯（Methyl jasmonate，MeJA）是一种重要内源物质，广泛分布于植物体中，最早于1962年由Demole等人首次从茉莉属（*Jasminum*）中的素馨花（*Jasminum grandiflorum*）香精油中分离获得。MeJA作为信号物质参与植物对外界逆境胁迫的应答反应和信号传递，或对病原菌有直接抑制作用，或诱导寄主产生免疫反应，激发植物体内防御基因表达和抗病相关蛋白，减缓病害的发生。前人研究表明，1 μmol/L MeJA 处理可以显著降低豌豆低温贮藏期间冷害的发生，100 μmol/L MeJA 预处理可以使番茄果实对灰霉病抗性显著增强。此外，MeJA 亦可诱导水稻抗白叶枯病、辣椒抗青枯病和猕猴桃抗软腐病。但目前关于 MeJA 诱导梨果实抗采后青霉病的相关研究报道较少。

2 试验目的

以"翠冠"梨果实为试验材料，通过分析不同方式处理的 MeJA 对梨果实诱导效应影响，筛选 MeJA 处理的最优条件，为后期探索 MeJA 诱导梨果实抗采后青霉病的机理提供参考。

3　试验材料

试验用果："翠冠"梨果实采自江西省峡江县金坪乡果园，于当日采摘后放置于实验室，挑选无病虫害、大小统一的果实，放置24 h充分散去田间热后用0.1%次氯酸钠溶液浸泡1～2 min消毒后用自来水冲洗干净，室温下晾干后保鲜袋单果套袋，入库备用（冷库温度4～5 ℃）。

供试菌株：扩展青霉，由江西农业大学植物病理实验室提供，–80 ℃保存，试验前培养5～7 d，用无菌水洗脱孢子，经无菌脱脂棉过滤后用血球计数板计数，配置浓度为$1.0×10^6$ spores /mL孢子悬浮液，备用。

供试试剂：异羟肟酸（Salicyhydroxamic acid，SHAM，茉莉酸生物合成抑制剂），购自美国Sigma公司，先溶于95%乙醇，再用含0.1%吐温-80的无菌水配置成1000 μL/L SHAM备用；茉莉酸甲酯（Methyl Jasmonate，MeJA），购自美国Sigma公司，先使用微量0.1%吐温-80和少许乙醇混合均匀，后加无菌水配置为浓度1000 μL/L的MeJA溶液，保存于4 ℃冰箱备用。

4　试验仪器

超净工作台、人工气候箱、显微镜、恒温培养箱、灭菌锅、电子天平、超低温冰箱、冷冻离心机、制冰机、紫外–可见分光光度计、水浴锅等。

5　试验步骤

5.1　MeJA对扩展青霉的抑菌活性

采用牛津杯法测定MeJA对青霉病菌的抑制作用。取6 mL配制好的孢子悬浮液加入54 mL温度约45 ℃ PDA培养基中，摇匀，倒入无菌培养皿制成含青霉菌平板。待平板凝固后，在培养皿中心放置无菌牛津杯（直径为7 mm），依次取100 μL浓度为10、100、1000 μmol/L经0.22 μm细菌微孔滤膜过滤的MeJA溶液注入牛津杯中，每个处理重复3次，置（25±1）℃恒温培养箱逐日观察记录抑菌圈大小。对照组用等量含0.1%吐温-80无菌水。

5.2　MeJA诱导梨果实抗青霉病的效应

5.2.1　不同MeJA处理方法对梨果实抗青霉病的影响

处理1（注入法）：取大小、成熟度一致的试验用果，用75%医用乙醇擦拭梨表面消毒，用无菌接种针在果实表面两侧各刺一个3.0 mm×5.0 mm的孔，将20 μL浓度为100 μmol/L的MeJA溶液注入孔内，对照组用等量含0.1%的吐温-80无菌水代替。将处理好的果实放置在塑料盒内密封好，放置在25 ℃恒温培养箱内

36 h后，在果实孔内注入20 μL 1.0×10⁶ spores/mL青霉孢子悬浮液。每处理10个果，3次重复。

处理2（熏蒸法）：将待处理果实置于熏蒸盒（体积6 L）内，中央放置灭菌滤纸（直径9.0 cm），将适量MeJA滴在灭菌滤纸上使盒内MeJA浓度达到100 μmol/L，迅速密封塑料盒，对照组用含0.1% 吐温-80无菌水。其他处理同处理1。

以上处理后逐日观察梨果实发病情况，采用十字交叉法测量病斑直径，按以下公式计算诱导效果：

诱导效果=（对照病斑直径－处理组病斑直径）/对照病斑直径×100%

5.2.2 MeJA处理与接种顺序对梨果实抗青霉病的影响

分以下4组处理：处理1，先用100 μmol/L MeJA熏蒸36 h后接种；处理2，用100 μmol/L MeJA熏蒸同时接种青霉病菌，36 h后停止熏蒸；处理3：梨果实先接种，36 h后再用100 μmol/L的MeJA熏蒸；处理4（对照组），接种，接种方法同5.2.1，每组处理10个果，每组3次重复。

5.2.3 不同时间MeJA处理对梨果实抗青霉病的影响

梨果实置密闭熏蒸盒（体积6 L）内，用浓度为100 μmol/L的MeJA分别于接种前0、12、24、36、48 h熏蒸处理，每组处理10个果，每组3次重复，具体方法同5.2.1。

5.2.4 不同浓度MeJA处理对梨果实抗青霉病的影响

梨果实置密闭熏蒸盒（体积6 L）内，使盒内MeJA浓度分别达到10、100、1000 μmol/L，密封。对照组不做处理，在同样条件下置于密闭熏蒸盒内。另用100 μmol/L的SHAM溶液喷施在果实表面，每组处理10个果实，3次重复。36 h后置超净工作台上通风2 h后接种。其他方法同5.2.1。

5.2.5 100 μmol/L MeJA处理对梨果实抗青霉病的影响

使用5.2.3和5.2.4中筛选出的最佳处理浓度和时间进行试验，即使用100 μmol/L MeJA熏蒸处理梨果实36 h后接种青霉孢子悬浮液，每组处理10个果，每组3次重复，其他方法同5.2.1。

5.3 数据分析

试验数据利用Excel2003和SPSS16.0统计分析，使用Duncan新复极差法分析各处理间的差异显著性。

6 试验结果

6.1 MeJA对扩展青霉的抑菌活性

培养5 d后MeJA对青霉病菌的抑制作用如图7-1所示。浓度为10和100 μmol/L MeJA的牛津杯周围无抑菌圈,当浓度为1000 μmol/L时牛津杯周围有抑菌圈(28.72 mm)产生。

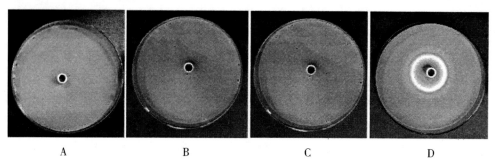

A   B   C   D

图7-1 不同浓度MeJA对青霉病菌的抑制作用

注:A表示CK;B表示10 μmol/L MeJA处理;C表示100 μmol/L MeJA处理;D表示1000 μmol/L MeJA处理。

6.2 MeJA诱导梨果实抗青霉病的效应

6.2.1 不同MeJA处理方法对梨果实抗青霉病的影响

如表7-1所示,MeJA通过注入和熏蒸处理均能诱导梨果实抗采后青霉病,但二者诱导效果不尽相同。熏蒸法处理诱导效果更好,诱导效果最高达15.60%,注入法诱导效果为12.38%,且在接种后120 h和144 h熏蒸处理诱导效果显著高于注入处理($P<0.05$)。

表7-1 MeJA不同处理方法对诱导梨果实抗青霉病的影响

接种后时间(h)	病斑直径(mm)		诱导效果(%)	
	注入法	熏蒸法	注入法	熏蒸法
96	22.14±0.08a	21.87±0.87a	12.38±0.89a	13.20±0.94a
120	28.96±0.11a	27.82±1.19a	12.13±1.42b	15.60±2.69a
144	32.42±0.75a	31.45±0.37b	11.56±1.38b	15.13±3.22a

注:表中数据代表试验结果3次重复的平均值±标准误差。同行数据之间互相比较,不同字母表示处理之间在$P<0.05$水平差异显著。

6.2.2 MeJA处理与接种顺序对梨果实抗青霉病的影响

不同MeJA处理均可在一定程度上具有诱导梨果实抗青霉病的作用，如表7-2所示。处理1（先MeJA处理后接种）诱导效果最好，为16.14%，处理2（MeJA与接种同时处理）组次之，诱导效果达14.21%，处理3（先接种后使用MeJA处理）诱导效果最低，为4.87%，处理1诱导效果为处理3的3.38倍，差异达显著水平（$P<0.05$）。

表7-2 MeJA处理与接种顺序对梨果实抗青霉病的影响

不同处理	病斑直径(mm)	诱导效果(%)
对照	18.75±0.76a	0
处理1	15.72±1.14c	16.14±0.71a
处理2	16.08±1.27b	14.21±1.45a
处理3	17.84±0.56b	4.87±2.69b

注：处理1为梨果实先使用MeJA熏蒸处理36 h后再接种青霉病菌；处理2为梨果实使用MeJA熏蒸的同时接种青霉病菌；处理3为梨果实先接种青霉病菌36 h后再使用MeJA熏蒸处理。

6.2.3 不同熏蒸时间MeJA处理诱导梨果实抗青霉病效应

如表7-3所示，100 μmol/L MeJA熏蒸处理12、24、36、48 h可增强梨果实对青霉病的抗性，随熏蒸时间的增加，诱导效果呈先上升后下降。其中熏蒸36 h MeJA诱导效果最高，达15.23%，显著高于其他组处理（$P<0.05$）。

表7-3 不同熏蒸时间处理MeJA对诱导梨果实抗青霉病的影响

时间(h)	病斑直径(mm)	诱导效果(%)
0	20.45±0.29a	0
12	18.95±1.04b	7.34±1.88b
24	18.78±0.58b	8.15±1.92b
36	17.34±1.61c	15.23±1.46a
48	18.57±0.29b	9.20±0.50b

注：表中数据代表试验结果三次重复的平均值±标准误差。同列数据之间互相比较，不同字母表示处理之间在P<0.05水平差异显著。

6.2.4 MeJA诱导梨果实抗青霉病的浓度筛选

不同浓度MeJA处理对梨果实抗青霉病诱导效应因浓度不同而异（表7-4）。10和100 μmol/L MeJA处理后诱导效应分别为3.45%和14.59%，后者显著高于前者，当MeJA浓度为1000 μmol/L时，梨果实发病较对照严重（$P<0.05$）。

表7-4 不同浓度MeJA处理对诱导梨果实抗青霉病的影响

浓度（μmol/L）	病斑直径（mm）	诱导效果（%）
对照	17.50±0.59b	0
10	16.89±1.42b	3.46±2.39b
100	14.94±1.13c	14.59±1.57a
1000	20.09±0.25a	−14.8±0.71c
100 μmol/L SHAM	21.45±0.86a	−22.58±0.84d

注：表中数据代表试验结果3次重复的平均值±标准误差。同列数据之间互相比较，不同字母表示处理之间在$P<0.05$水平差异显著。

6.2.5 100 μmol/L MeJA处理对梨果实抗青霉病的影响

由表7-5可知，100 μmol/L MeJA熏蒸处理梨果实36 h，接种后48～144 h内，随着接种时间的延长，接种部位病斑不断增大，诱导效应则呈现先升高后降低的趋势，在接种96 h后诱导效应最佳，达到17.01%。SHAM处理诱导效果为负值，即加重"翠冠"梨果实发病（$P<0.05$）。

表7-5 100 μmol/L MeJA处理对果实病斑直径和诱导效果的影响

接种后时间（h）	病斑直径（mm）			诱导效果（%）	
	对照	MeJA	SHAM	MeJA	SHAM
48	8.70±0.08e	7.39±0.07d	10.12±0.05d	15.06±0.89c	−16.32±0.94c
72	13.96±0.11d	11.74±0.19c	15.58±0.36c	15.90±1.42c	−11.6±2.69b
96	17.58±0.25c	14.59±0.22c	21.89±0.31b	17.01±1.19a	−24.49±1.74e
120	20.75±1.65b	17.29±0.19b	25.43±0.36a	16.69±0.96b	−22.53±1.85d
144	23.79±0.75a	20.23±0.31a	26.04±0.65a	14.96±0.42d	−9.79±1.46a

注：数字代表平均值±标准误。同列数据互相比较，数据后不同字母代表各处理间在$P<0.05$水平上差异显著。

7 试验讨论

MeJA作为内源信号分子具有提高植物抵御病原菌侵入和抵抗逆境胁迫的能力。本试验结果表明，10和100 μmol/L浓度MeJA对扩展青霉病菌均无直接抑菌活性，而1000 μmol/L MeJA对扩展青霉病菌有抑菌活性。10和100 μmol/L MeJA对果实熏蒸处理可提高梨果实对青霉病的抗性，其诱导效果分别为3.45%和14.59%，但1000 μmol/L MeJA反而加重梨青霉病发生，说明外源MeJA诱导梨果实抗采后青霉病可能是通过提高梨果实自身的免疫反应而非直接抑菌作用。这一结果与前人研究结果相似。如MeJA可诱导寄主植物对桃青霉病菌、番茄灰霉病菌和柱花草炭疽病菌产生抗性。熏蒸处理和注入处理均能在一定程度上诱导"翠冠"梨抗青霉病，但是两者作用效果不同，熏蒸法诱导效果更佳，且熏蒸法不会对果实表面造成机械损伤。使用MeJA溶液浸果处理的方法也可以控制香蕉采后腐烂，提高香蕉对炭疽病的抗性，于萌萌等人通过MeJA真空渗透的方法提高了番茄果实对灰葡萄孢霉、扩展青霉和链格孢霉等病菌的抗性。

MeJA诱导寄主植物抗逆反应与其浓度有密切关系，适宜浓度MeJA可激活植物防御体系，不适浓度则会使其诱导效果降低甚至有毒性作用。本试验中，当MeJA处理浓度为10和100 μmol/L时均可诱导梨果实抗青霉病，以100 μmol/L效果最佳。但当浓度提高至1000 μmol/L时处理组接种病斑直径大于对照组，诱导效果为负，该现象与紫花苜蓿抗霜霉病和水稻抗白叶枯病结论相似，说明适宜度MeJA处理可以有效诱导梨果实对采后青霉病产生抗性，浓度过高反而使果实抗病性降低。

植物诱导抗病性具有迟滞性的特点，即由诱导处理到抗病反应的成功表达需要时间，称为诱导期或迟滞期，本试验使用100 μmol/L MeJA对果实分别熏蒸12、24、36、48 h处理，试验结果表明不同熏蒸时间诱导"翠冠"梨果实抗性效果不同，随着熏蒸时间的增加呈先上升后下降的趋势，熏蒸36 h效果最好，诱导效果达15.23%，且先熏蒸诱导36 h后再接种的诱导效果比接种后再熏蒸的处理诱导效果更好。而当MeJA应用于猕猴桃抗采后软腐病时，最佳处理时间则为24 h，说明MeJA诱导果实抗病效应和果实种类密切相关。

试验八　茉莉酸甲酯诱导梨果实抗青霉病与防御酶活性的关系

1　试验背景

茉莉酸甲酯（MeJA）作为一种天然活性激发子，不仅参与植物种子萌发和果实成熟等生长发育过程，亦可提高植物抵御自然界生物或非生物胁迫，作为植物抗病反应的重要信号分子作用于植物受体细胞，进而参与防御信号的传导，调控植物免疫系统，增强植物抗病性，在植物抗病研究领域备受关注。前人研究表明，茉莉酸类外源MeJA可以通过促进鲜切果蔬苯丙烷代谢，提高苯丙氨酸解氨酶（PAL）等防御酶活性，从而降低果蔬采后病害。另有研究证实，外源MeJA处理显著提高了贮藏期间香蕉、杨梅、苹果和番茄果实组织POD、PPO、SOD和CAT等防御酶活性，激发果实抵御采后病害的能力。

2　试验目的

前期试验证实100 μmol/L MeJA于接种前36 h熏蒸梨果实可显著诱导抗青霉病的效应，但其生理机制尚不清楚。基于此，本试验进一步探索MeJA处理对梨果实防御酶活性的变化，以期为MeJA诱导梨采后青霉病分子机理研究提供依据。

3　试验材料

试验用果："翠冠"梨果实采自江西省峡江县金坪乡果园，于当日采摘后放置于实验室，挑选无病虫害、大小统一的果实，放置24 h充分散去田间热后用0.1%次氯酸钠溶液浸泡1～2 min消毒后用自来水冲洗干净，室温下晾干后保鲜袋单果套袋，入库备用（冷库温度4～5 ℃）。

供试菌株：扩展青霉，由江西农业大学植物病理实验室提供，−80 ℃保存，试验前培养5～7 d，用无菌水洗脱孢子，经无菌脱脂棉过滤后用血球计数板计数，配置浓度为$1.0×10^6$ spores /mL孢子悬浮液，备用。

供试试剂：异羟肟酸（Salicyhydroxamic acid，SHAM，茉莉酸生物合成抑制剂），购自美国Sigma公司，先溶于95%乙醇，再用含0.1%吐温-80的无菌水配置成1000 μL/L SHAM备用；茉莉酸甲酯（Methyl Jasmonate，MeJA），购自美国 Sigma公司，先使用微量0.1%吐温-80和少许乙醇混合均匀，后加无菌水配置为 浓度1000 μL/L的MeJA溶液，保存于4 ℃冰箱备用。

4　试验仪器

超净工作台、人工气候箱、显微镜、恒温培养箱、灭菌锅、电子天平、超低 温冰箱、冷冻离心机、制冰机、紫外-可见分光光度计、水浴锅等。

5　试验步骤

5.1　不同浓度MeJA处理梨果实

在同样条件下将梨果实置于密闭容器内，使容器内MeJA浓度分别为10、 100和1000 μmol/L，对照组不做处理，以100 μmol/L的SHAM溶液做阴性对照喷 施在果实表面，36 h后接种青霉孢子悬浮液，每组处理10个果，每组3次重复。 将接种后的果实置于25 ℃恒温培养箱，每天观察发病情况，并于接种96 h后取 病健交界处果肉，液氮迅速冷冻置于-80 ℃超低温箱保存，待用。

5.2　100 μmol/L MeJA处理梨果实

试验设为3组处理：100 μmol/L MeJA处理组（密闭熏蒸盒内熏蒸处理）； 100 μmol/L SHAM处理组（溶液喷施在果实表面，直至果实表面完全湿润）；对 照组，不做处理，在同样条件下置于密闭容器内。将处理好的果实放置在密闭装 置中，置25 ℃恒温培养箱，36 h后通风2 h再接种浓度为1×10^6 spores/mL青霉孢 子悬浮液，置25 ℃恒温培养箱，于接种后0、24、48、72、96、120及144 h后取 病健交界处果肉，液氮迅速冷冻置于-80 ℃超低温箱保存，待用。每组处理10个 果，每组3次重复。

5.3　抗病相关指标测定

根据曹建康等方法稍微改进，制备PPO和POD粗酶提取液。取冷冻待用梨 果肉组织1 g和5 mL含有5%（m/v）聚乙烯基聚吡咯烷酮（PVPP）和1.0 mmol/L 含EDTA（乙二胺四乙酸）的磷酸盐混合液（pH7.5）混合均匀，置于预冷研钵 中研磨充分后转移至离心管中低温离心30 min，上清液即为粗酶提取液。测定 PPO的反应体系为3.9 mL乙酸-乙酸钠缓冲液（50 mmol/L，pH 5.5），1 mL邻苯 二酚（50 mmol/L）和0.1 mL粗酶提取液，其活性单位为在吸光度420 nm条件下 每克样品每分钟增加0.01。按以下公式计算PPO活性：

$$U = (\Delta OD_{420} \times V) / (V_s \times m)$$

POD反应液中包含0.5 mL粗酶液，3.0 mL 25 mmol/L愈创木酚溶液和200 mL

0.5 mol/L H_2O_2 溶液，其活性单位为每克样品每分钟在吸光度 470 nm 处增加 0.01。按以下公式计算 POD 活性：

$$U=（OD_{470}×V）/（V_s×m）$$

取冷冻待用梨果肉组织 1 g 与 5 mL 含 5% PVPP 的磷酸钠缓冲液（50 mmol/L，pH7.5）充分研磨，样品匀浆在 4 ℃下离心 30 min，静置后上清液即为粗酶液。CAT 反应体系包含 0.1 mL 粗酶液和 2.9 mL 20 mmol/L H_2O_2 溶液，在吸光度 240 nm 处每 30 秒记录一次数据，其活性单位为每克样品每分钟吸光度变化 0.01。按以下公式计算 CAT 活性：

$$U=（OD_{240}×V）/（0.01×V_s×m）$$

SOD 活性采用分析试剂盒（南京建成生物技术有限公司）测定。

5.4 数据处理与分析

采用 Excel2013 软件对数据进行统计整理，并用 SPSS20.0 软件对数据进行处理分析，经 Duncan 新复极差法比较各处理间的差异显著性。

6 试验结果

6.1 不同浓度 MeJA 处理对梨果实防御酶活性的影响

SOD 活性变化如图 8-1 A 所示，不同浓度 MeJA 处理后梨果实 SOD 活性变化不尽相同。10 和 100 μmol/L MeJA 处理组 SOD 活性显著高于对照组，分别是对照组的 1.15 和 1.22 倍，10 和 100 μmol/L MeJA 处理之间无显著差异。1000 μmol/L MeJA 处理和 SHAM 处理则降低了 SOD 活性（$P<0.05$）。

不同浓度 MeJA 预处理后损伤接种，梨果实 CAT 活性变化如图 8-1 B 所示，在 10～1000 μmol/L 浓度范围内，梨果实 CAT 活性随浓度增大呈先升高后下降的趋势，且 100 μmol/L 处理组 CAT 活性显著高于其他处理，比对照组高 31.3%，10 μmol/L 处理组和对照无明显差异（$P<0.05$）。

从图 8-1 C 可知，不同浓度的 MeJA 熏蒸处理后，梨果实损伤接种后 PPO 活性在 10～100 μmol/L 内均高于对照组。且在 100 μmol/L MeJA 处理组 PPO 活性均显著高于对照组及 SHAM 处理组，最高分别为对照组和 SHAM 处理组的 1.47 和 1.51 倍（$P<0.05$）。

与对照相比，10 和 100 μmol/L 两组低浓度 MeJA 处理组均提高了 POD 活性，分别为对照组的 1.21 倍和 1.33 倍（图 8-1 D）。当 MeJA 浓度增大到 1000 μmol/L 时，POD 活性则显著下降至对照的 81.55%（$P<0.05$）。

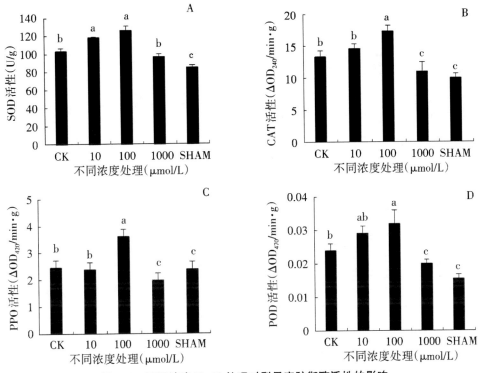

图8-1　不同浓度MeJA处理对梨果实防御酶活性的影响

6.2　100 μmol/LMeJA 处理后梨果实防御酶活性的动态变化

如图8-2 A所示，经MeJA处理后梨果实CAT活性随时间增加先增大后减小，且始终高于对照组，接种96 h后，MeJA处理组CAT活性达到峰值，显著高于对照组和SHAM处理组，分别为对照组的1.31倍和1.44倍（$P<0.05$）。

MeJA处理后梨果实SOD活性变化见图8-2 B。接种48 h后SOD活性均高于对照组和SHAM处理组，在96 h后三组处理SOD活性均达到峰值，在接种120 h和144 h后MeJA处理组SOD活性明显高于未处理组，比对照分别提高33.15%和14.25%，差异显著（$P<0.05$）。

POD活性如图8-2 C所示，接种144 h内MeJA处理组活性始终高于对照组和SHAM处理组，接种后48～72 h及120～144h后MeJA处理组POD活性高于对照组和SHAM处理组，差异显著。最高分别为对照组和SHAM处理组的1.38和5.25倍（$P<0.05$）。

由图8-2 D可知，PPO活性随接种时间的推移，梨果实PPO活性均为先升高后降低，MeJA处理组PPO峰值为接种后48 h，分别为对照组和SHAM处理组的1.45和1.78倍，差异达显著水平（$P<0.05$）。

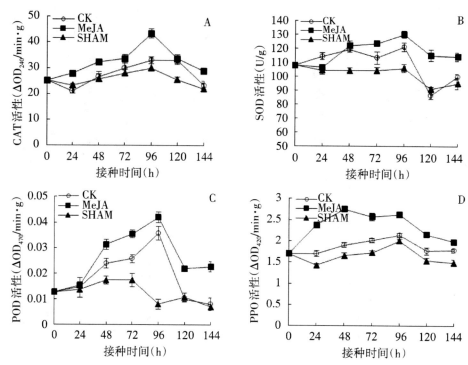

图8-2　MeJA处理对果实CAT（A）、SOD（B）、POD（C）和PPO（D）的影响

7　试验讨论

　　诱导抗病性是植物在自然生长环境中受到外界诱导因子刺激后，面对病原的侵染及逆境胁迫时自身发展出的一种重要抗病机制。MeJA可用作诱导植物抗病性的外源信号物质。同时，亦可作为内源信号分子，将植物信号传递到逆境环境中，提高植物抗逆反应。植物体在受到病原菌侵染或其他逆境胁迫时会产生大量的活性氧，对植物细胞膜造成损伤，进而导致细胞死亡。SOD可以清除活性氧自由基，催化植物体内活性氧发生歧化反应，使细胞膜损伤程度降低，提高植物的抗性。另有研究表明，POD可以在植物体遇到病原侵染时催化木质素前体的生成，促进木质素积累，提高植物对病原的抗性；PPO则可以将植物体内的酚氧化成醌，醌对病原菌有抑制作用。外源MeJA可以诱导这些防御酶在植物体内的表达，使植物在遭受病原菌侵染后产生抗性。前人研究证实，MeJA具有显著提高果蔬抗病性和抗冷害的能力，改善果蔬采后品质和耐贮性。0.1 mmol/L的MeJA处理可以显著提高猕猴桃果实CAT、SOD、POD等防御酶活性，提高果实采后软腐病抗性；250 μmol/L MeJA处理显著降低了草莓果实灰霉病的发生；鳄梨经10

μmol/L 和 100 μmol/L MeJA 处理后其炭疽病得到有效抑制，尤其是 100 μmol/L 抑制效果显著。MeJA 处理苹果果实后接种青霉病菌，处理组果实 SOD 活性显著提高；刘瑶等发现 MeJA 处理可以有效抑制尖椒贮藏期冷害的发生，同时提高了尖椒 POD、CAT 酶活性。除 MeJA 之外，还有多种抗性诱导剂可以提高植物防御酶活性，增强植物抗病性。如褪黑素处理诱导小豆抗锈病以及 ClO₂ 诱导厚皮甜瓜果实对粉霉病的抗性等。这些研究表明，不同激发子可通过调控植物体内防御酶活性进而提高植物抗性。

本试验结果表明，与对照组和 SHAM 处理组相比，10 和 100 μmol/L MeJA 熏蒸处理梨果实 36 h，果实防御酶 SOD、PPO、POD 和 CAT 活性均不同程度提高，且随浓度的增大防御酶活性呈先上升后下降的趋势，1000 μmol/L MeJA 和 SHAM 处理组则降低了上述抗病相关酶活性。该试验结果与 MeJA 诱导辣椒抗青枯病、猕猴桃抗软腐和龙眼抗炭疽病结果相似，暗示 MeJA 诱导梨果实抗采后青霉病与上述防御酶活性密切相关。

试验九　茉莉酸甲酯诱导梨果实抗青霉病与膜脂过氧化和酚类物质的关系

1　试验背景

茉莉酸甲酯（MeJA）作为一种天然活性激发子，不仅参与植物种子萌发和果实成熟等生长发育过程，亦可提高植物抵御自然界生物或非生物胁迫，作为植物抗病反应的重要信号分子作用于植物受体细胞，进而参与防御信号的传导，调控植物免疫系统，增强植物抗病性，在植物抗病研究领域备受关注。前人研究表明，茉莉酸类外源MeJA可以调控贮藏期间香蕉、杨梅、苹果和番茄果实组织抗病相关MDA和酚类物质的含量，激发果实抵御采后病害的能力。

2　试验目的

前期试验证实100 μmol/L MeJA于接种前36 h熏蒸梨果实可显著诱导抗青霉病的效应，但其生理机制尚不清楚。基于此，进一步探索MeJA处理对梨果实防御酶活性的变化，以期为MeJA诱导梨采后青霉病分子机理研究提供依据。

3　试验材料

试验用果："翠冠"梨果实采自江西省峡江县金坪乡果园，于当日采摘后放置于实验室，挑选无病虫害、大小统一的果实，放置24 h充分散去田间热后用0.1%次氯酸钠溶液浸泡1～2 min消毒后用自来水冲洗干净，室温下晾干后保鲜袋单果套袋，入库备用（冷库温度4～5 ℃）。

供试菌株：扩展青霉，由江西农业大学植物病理实验室提供，−80 ℃保存，试验前培养5～7 d，用无菌水洗脱孢子，经无菌脱脂棉过滤后用血球计数板计数，配置浓度为$1.0×10^6$ spores /mL孢子悬浮液，备用。

供试试剂：异羟肟酸（Salicyhydroxamic acid，SHAM，茉莉酸生物合成抑制剂），购自美国Sigma公司，先溶于95%乙醇，再用含0.1%吐温-80的无菌水配置成1000 μL/L SHAM备用；茉莉酸甲酯（Methyl Jasmonate，MeJA），购自美国Sigma公司，先使用微量0.1%吐温-80和少许乙醇混合均匀，后加无菌水配置为浓度1000 μL/L的MeJA溶液，保存于4 ℃冰箱备用。

4 试验仪器

超净工作台、人工气候箱、显微镜、恒温培养箱、灭菌锅、电子天平、超低温冰箱、冷冻离心机、制冰机、紫外-可见分光光度计、水浴锅等。

5 试验步骤

5.1 梨果实MDA含量测定

MDA含量测定参考Wang等的方法并稍微改动。取冷冻待用梨果肉1 g与8 mL 100 g/L三氯乙酸（TCA）混匀，在研钵中研磨匀浆，以10000 r/min离心25 min。将2 mL上清液与2 mL 0.67%（m/V）硫代巴比妥酸（TBA）混合均匀后加热煮沸1 h，用自来水冲洗快速冷却，2500 r/min离心20 min。重复离心3次后，分别在吸光度450、532和600 nm处测量上清液的OD值。空白对照使用TBA溶液。根据以下公式计算MDA的含量：

$$\text{MDA}（\text{mmol/g}）= [6.452×（A_{532}-A_{600}）-0.559×A_{450}]×（V_t/V_s m）$$

式中：V_t代表提取物总体积（mL）；V_s代表用于测量的提取物的体积（mL）；m代表样品的鲜质量（g）；A_{532}、A_{600}和A_{450}分别代表在532、600和450 nm处的吸光度值。

5.2 梨果实总酚含量测定

总酚含量根据Folin-Ciocalteu法测定，参考Singleton的方法并稍做改进。使用8 mL甲醇和1 g梨果实混匀放置在研钵中充分研磨成匀浆转移至10 mL离心管中，于50 ℃超声波下萃取30 min，然后4 ℃下离心20 min，上清液即为总酚提取液。将反应混合物（0.5 mL上清液，0.5 mL Folin-Ciocalteu和5 mL蒸馏水）在黑暗中放置10 min，然后在室温下与1 mL 10%Na$_2$CO$_3$混合60 min，测定反应液在吸光度765 nm处吸光值，以没食子酸作标准曲线计算总酚含量，样品的总酚含量换算为每100 g鲜质量样品没食子酸的含量。

5.3 数据处理与分析

采用Excel2013软件对数据进行统计整理，并用SPSS20.0软件对数据进行处理分析，经Duncan新复极差法比较各处理间的差异显著性。

6 试验结果

从图9-1可知，MDA含量随时间推移持续上升。MeJA处理组在接种后144 h内始终维持较低水平。在接种144 h后MeJA处理组MDA含量分别为对照组和

SHAM处理组的44.96%和36.67%，差异达显著水平（$P<0.05$）。由图9-2可知，接种后三组处理总酚含量随时间的延长呈不断上升趋势。在整个贮藏期间MeJA处理组总酚含量均高于对照组和SHAM处理组，且在接种后72～120 h期间MeJA处理组总酚含量均显著高于对照组，有效促进了果实中总酚含量的积累，从而提高了果实抗氧化能力（$P<0.05$）。

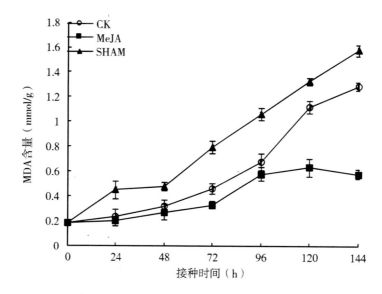

图9-1　MeJA处理对果实MDA含量的影响

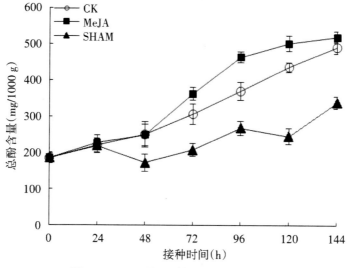

图9-2　MeJA处理对果实总酚含量的影响

7 试验讨论

诱导抗病性是植物在自然生长环境中受到外界诱导因子刺激后，面对病原的侵染及逆境胁迫时自身发展出的一种重要抗病机制。MeJA可用作诱导植物抗病性的外源信号物质。同时，亦可作为内源信号分子，将植物信号传递到逆境环境中，从而提高植物抗逆反应。植物体在受到病原菌侵染或其他逆境胁迫时会产生大量的活性氧，对植物细胞膜造成损伤，进而导致细胞死亡。

总酚是植物体内主要的次级代谢产物，与植物的抗病机制密切相关。相关研究表明，病原菌侵染植物后，可以诱导植物产生大量酚类物质，抑制病原体的传播，从而增强植物对病原体的抵抗力。而MDA是膜脂过氧化的重要产物，其含量可以直接反映对植物细胞膜的破坏程度，是寄主抗病能力的重要指标。本试验结果表明，MeJA处理后梨果实总酚含量显著高于对照组和SHAM组，而MDA积累则受到了抑制，说明MeJA可以通过促进果实总酚含量积累提高对青霉病的抗性，MDA含量受到抑制，说明MeJA可以延缓细胞膜膜脂的降解，减轻果实细胞损伤。

综上所述，MeJA处理显著提高了防御酶CAT、SOD、PPO和POD以及病程相关蛋白CHI、GLU的活性，促进总酚含量的积累，延缓膜脂过氧化。上述结果暗示MeJA诱导梨果实抗青霉病可能与上述因子有关，MeJA诱导梨果实抗采后青霉病的分子机制有待后续研究。

试验十　茉莉酸甲酯对梨防御酶
差异基因表达分析

1　试验背景

茉莉酸甲酯作为一种植物内源信号物质可以诱导植物产生抗逆反应，在植物遭遇逆境胁迫时，体内的茉莉酸物质可以迅速响应，刺激抗逆基因的表达。茉莉酸甲酯在植物防御反应中调控抗逆相关基因的报道较多。前人研究表明，MeJA处理可以增强甜椒中CAT、POD和APX酶相关基因的表达，提高甜椒抗冷害能力；Guo等发现，MeJA处理可以上调柑橘果实PR5（抗病相关蛋白）基因的表达，降低柑橘青霉病的发病率。此外，西瓜APX基因对MeJA调控的逆境信号做出响应，经MeJA处理后西瓜APX基因表达量显著提高。MeJA处理还可以激活葡萄果实中SOD、PAL和CAT防御酶和病程相关蛋白基因的表达，降低果实腐烂率，提高对采后灰霉病的抗性。

2　试验目的

前期试验结果初步解析了MeJA预处理有效提高"翠冠"梨果实抗青霉病的生理机制，即可能与其增强梨果实抗病防御酶活性、促进病程相关蛋白和酚类含量等抗病物质积累有关。但是，MeJA诱导梨果实抗青霉病与其防御酶基因表达是否相关需要深入研究。为进一步研究MeJA诱导梨果实抗青霉病的分子机理，主要从分子生物学角度，通过测定关键防御酶和病程相关蛋白基因的表达，探索梨果实抗病相关基因对茉莉酸信号响应方式和表达调控趋势，为研究MeJA诱导抗病机制提供理论参考。

3　试验材料

试验用果："翠冠"梨果实采自江西省峡江县金坪乡果园，于当日采摘后放置于实验室，挑选无病虫害、大小统一的果实，放置24 h充分散去田间热后用0.1%次氯酸钠溶液浸泡1～2 min消毒后用自来水冲洗干净，室温下晾干后保鲜袋单果套袋，入库备用（冷库温度4～5 ℃）。

供试菌株：扩展青霉，由江西农业大学植物病理实验室提供，−80 ℃保存，试验前培养 5～7d，用无菌水洗脱孢子，经无菌脱脂棉过滤后用血球计数板计数，配置浓度为 $1.0×10^6$ spores /mL 孢子悬浮液，备用。

供试试剂：异羟肟酸（Salicyhydroxamic acid，SHAM，茉莉酸生物合成抑制剂），购自美国 Sigma 公司，先溶于 95% 乙醇，再用含 0.1% 吐温-80 的无菌水配置成 1000 µL/L SHAM 备用；茉莉酸甲酯（Methyl Jasmonate，MeJA），购自美国 Sigma 公司，先使用微量 0.1% 吐温-80 和少许乙醇混合均匀，后加无菌水配置为浓度 1000 µL/L 的 MeJA 溶液，保存于 4 ℃冰箱备用。

4　试验仪器

超净工作台、人工气候箱、显微镜、恒温培养箱、灭菌锅、电子天平、超低温冰箱、冷冻离心机、制冰机、紫外-可见分光光度计、水浴锅、实时荧光定量 PCR 仪等。

5　试验步骤

5.1　总 RNA 提取与反转录

参照试剂盒说明书中的方法（华越洋生物技术有限公司）提取梨果实总RNA。使用微量核酸分析仪和 1% 琼脂糖凝胶电泳对 RNA 的质量进行检测。使用PrimeScript RT 试剂盒合成 cDNA 第一链。制备的 cDNA 储存在−80 ℃超低温冰箱用于后续 RT-qPCR 试验。

5.2　基因表达测定

使用 SYBR®Premix（Takara，日本）通过 RT-qPCR 方法检测了 6 种抗病相关基因的表达。PCR 反应程序设定为：95 ℃ 30 s；随后在 95 ℃下进行 40 个循环持续 5 s，在 60 ℃下进行 30 s 收集荧光信号，最后在 55 ℃下进行 30 s。反应体积为 10 µL，其中包含 3.4 µL 超纯水，1 µL 稀释的 cDNA 模板，5 µL SYBR®Premix Ex Taq（Takara，日本）和 0.3 µL 引物。根据实时定量 $PCR2_{-\Delta\Delta C_t}$ 法对样品基因相对表达量进行计算，每个样品进行 3 次重复。引物序列如表 10-1 所示。

5.3　数据处理分析

试验数据利用 Excel2003 和 SPSS16.0 统计分析，使用 Duncan 新复极差法分析各处理间的差异显著性。

表10-1 引物序列

Gene	Primer sequence 5'→3'	size(bp)	Annealing temperature(℃)
PpPPO	F- GACATTCGCTATGCCGTTCT R- TCGGTCCCGTTGTAATCG	94	60
PpPOD	F-CAACATGGACCCAACCAC R-TTGGCCCACCTTCTTACC	95	60
PpCAT	F- AGGATGAGGCTATTAAGGTTGG R- CCAGGTCTTAGTAACATCAAGTG	103	60
Cu-ZnSOD	F- GGGAGATGGCCCAACTACTG R- CCAGTTGACATGCAACCGTT	120	60
PpCHI	F- CACAGACGATGCCTACTGC R- AACTTGCGTCCGCCTGAT	102	60
PpGLU	F- CCTTACTTCAGCTACAATGACAC R- GTACTGAGCGTCCAGGAGAG	100	60
Actin	F- CCATCCAGGCTGTTCTCTC R- GCAAGGTCCAGACGAAGG	122	60

6 试验结果

6.1 果实总RNA完整性和纯度鉴定

部分样品总RNA电泳结果如图10-1所示。由图10-1可知，总RNA 28S和18S条带清晰，且28S条带亮度更高，无杂带出现，说明提取得到的样品总RNA质量较高。通过微量核酸分析仪检测总RNA纯度，A260/A280结果位于1.9～2.10之间，A260/A230结果位于2.0～2.2之间，说明总RNA纯度较高，杂质干扰较低，可以用于后续反转录及荧光定量试验。

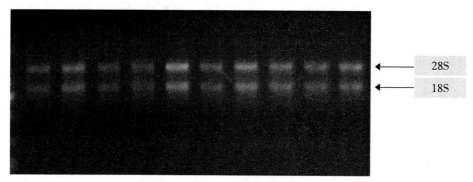

图10-1 部分果实样品总RNA电泳图

6.2 MeJA 对梨果实防御酶基因表达的影响

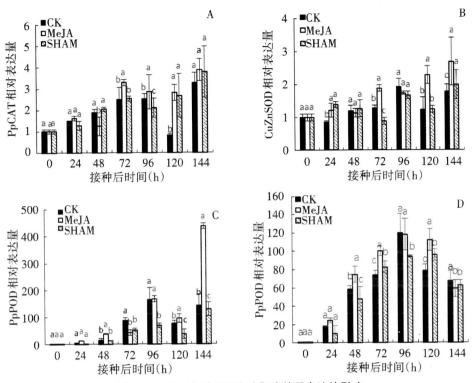

图 10-2 MeJA 对梨果实防御酶基因表达的影响

如图 10-2 A 所示，损伤接种扩展青霉 144 h 内梨果实 PpCAT 基因的表达量随时间的延长呈不断上升的趋势，且在接种 72、96 和 120 h 后 MeJA 处理组显著高于对照，分别是对照组的 1.32、1.13 和 3.42 倍。表明 MeJA 处理可提高 PpCAT 基因的表达，增强梨果实抗氧化活性（$P<0.05$）。由 10-2 B 图可知，损伤接种后各处理之间梨果实 Cu-ZnSOD 基因表达量存在显著差异，在接种 72、120 及 144 h 后 MeJA 处理组 Cu-ZnSOD 基因表达量显著高于对照组和 SHAM 处理组，且在 144 h 后表达量最强，分别是对照组和 SHAM 处理组的 1.52 和 1.36 倍，差异显著。说明 MeJA 处理可以激活梨果实 Cu-ZnSOD 基因的表达，从而减少梨果实过氧化伤害（$P<0.05$）。由图 10-2 C 可知，在损伤接种期间 PpPOD 基因表达量随时间延长不断呈上升趋势，且在 48 h 后激增，除 72 h 其余时间 MeJA 处理组 PpPOD 基因表达量均高于其他两组处理，且在接种后 48、120 和 144 h 后显著高于对照组和 SHAM 处理组，在 144 h 后达到峰值，分别是对照组和 SHAM 处理组的 3.07 和 3.41 倍（$P<0.05$）。如图 10-2 D 所示，不同处理之间果实 PpPPO 基因表达量均呈先升

高后降低的趋势，在接种后96 h对照组和MeJA处理组达到最大值，而SHAM处理组峰值则推迟至120 h，接种48、72和120 h后MeJA处理组PpPPO基因表达量显著高于对照组和SHAM处理组（$P<0.05$）。

6.3　MeJA对梨果实病程相关蛋白基因表达的影响

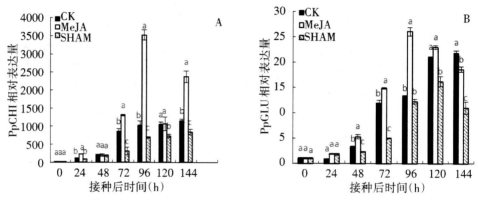

图10-3　MeJA对梨果实PpCHI和PpGLU基因表达的影响

梨果实损伤接种后PpCHI基因表达量变化如图10-3 A所示，在接种后144 h内MeJA处理组均高于对照组和SHAM处理组，随接种时间的延长对照组和SHAM组PpCHI基因表达量均不断上升，而MeJA处理组呈先升后降的变化趋势，在96 h后到达最大值，分别为对照组和SHAM处理组的3.45和5.11倍。不同处理之间梨果实PpGLU基因表达量如图10-3 B所示，在损伤接种前120 h MeJA处理均能提高梨果实PpGLU基因的表达，且在96 h后达到最大值26.02，显著高于对照组和SHAM处理组，而对照组和SHAM处理组之间无显著差异。

7　试验讨论

外源诱导物质可以通过调控防御酶相关基因的表达提高植物产生抗病性，如猕猴桃果实经姜黄素处理后病斑直径和发病率显著降低，灰霉菌菌丝中致病基因表达水平受到抑制，而编码SOD酶的相关基因表达水平显著高于对照。外源NO处理可以调控丝裂原激活蛋白激酶（MAPK）相关基因的表达，显著降低贮藏期间柑橘果实绿霉病发病率，提高柑橘果实抗性。

MeJA作为植物诱导抗病研究领域重要诱导子，不仅对病原菌有直接抑制作用，还可以通过调控防御酶基因表达进而诱导防御酶活性的变化，提高植物抗病性。前人研究结果表明，MeJA可以有效抑制甜椒贮藏期间冷害的发生，激活POD、CAT和APX防御酶基因的表达。小麦经一定浓度MeJA处理后对白粉病的抗性显著提升，抗病相关基因 PR1（PR1.1）、PR2（β-1,3-葡聚糖酶）及PR3

（几丁质酶）基因的表达得到显著激活；在收获前应用MeJA可以有效抑制草莓灰霉病的发生，并且对PR和PGIP基因的表达具有增强作用。此外，MeJA处理可以降低冷藏期间黄瓜丙二醛含量，上调了CsCAT1和CsCAT3基因的表达，激活了黄瓜低温贮藏期间的抗氧化防御系统，增强了黄瓜抗冷害能力。

本试验结果表明，MeJA预处理可以激活梨果实中防御酶基因ppPPO、pp-POD、Cu-ZnSOD、ppCAT以及病程相关蛋白基因ppCHI和ppGLU的表达，且基因表达情况与相对应的防御酶活性变化大致相符。但对于ppCAT基因，MeJA应用于猕猴桃抗采后软腐病发现，0.1 mmol/L的MeJA处理有效诱导了防御酶基因AcSOD、AcPOD、AcAPX、AcCHI和AcGLU的表达，而对AcCAT无明显影响。说明MeJA调控的基因表达情况因寄主和病原菌种类以及处理方式不同而异。

综上所述，对梨果实防御酶相关基因进行定量分析发现，MeJA处理可以激活PpPPO、PpPOD、Cu-ZnSOD、PpCAT以及病程相关蛋白基因PpCHI和PpG-LU的表达，且MeJA处理组的表达量均显著高于SHAM处理组和对照组，其中以PpPPO、PpPOD和PpCHI的表达量最高。该试验结果进一步证实MeJA诱导梨果实抗采后青霉病可能与其激活梨果实抗病相关基因表达有关。

试验十一　茉莉酸甲酯处理对梨果实
采后病害及贮藏品质的影响

1　试验背景

　　"翠冠"梨属于呼吸跃变型果实，由于其采收期为7月中上旬，正值盛夏高温多雨，果实呼吸代谢旺盛，极易发生软化腐烂，品质下降。常温下存放5 d左右口感风味便显著下降。研究表明"翠冠"梨常温贮藏10 d左右果肉疏松，硬度降低，21 d时果肉大部分已变软，失去商品价值。目前寻求适宜的贮藏方法，延缓贮藏期间品质下降已成为亟待解决的问题。前人研究表明，MeJA可以延长果蔬贮藏时间，有效延缓果蔬贮藏期品质的下降，延长货架期，提高经济价值。MeJA处理樱桃番茄果实可以延缓果实贮藏期间硬度下降，有效维持果实中类胡萝卜素和番茄红素的积累，同时保持可滴定酸和可溶性固形物含量。与此类似，将MeJA应用于鲜切水晶梨，可以较好地保持梨果实总糖、可溶性蛋白和可滴定酸含量。0.15 mmol/L MeJA处理猕猴桃果实，可以提高果实中POD和CAT酶活性，抑制脂氧合酶（LOX）活性，从而延缓贮藏期间猕猴桃硬度的下降，保持果实维生素C含量，提高猕猴桃贮藏品质。

2　试验目的

　　前期试验探究了MeJA诱导梨果实抗采后青霉病的效应和生理与分子机制，结果表明，MeJA可以作为一种外源诱导子激活果实防御系统，提高果实抗病性。研究MeJA处理在常温和冷藏条件下对梨果实品质的影响，为MeJA应用于梨果实贮藏保鲜提供理论参考。

3　试验材料

　　试验用果："翠冠"梨果实采自江西省峡江县金坪乡果园，于当日采摘后放置于实验室，挑选无病虫害、大小统一的果实，放置24 h充分散去田间热后用0.1%次氯酸钠溶液浸泡1～2 min消毒后用自来水冲洗干净，室温下晾干后保鲜袋单果套袋，入库备用（冷库温度4～5 ℃）。

供试菌株：扩展青霉，由江西农业大学植物病理实验室提供，–80 ℃保存，试验前培养5～7 d，用无菌水洗脱孢子，经无菌脱脂棉过滤后用血球计数板计数，配置浓度为$1.0×10^6$ spores /mL孢子悬浮液，备用。

供试试剂：异羟肟酸（Salicyhydroxamic acid，SHAM，茉莉酸生物合成抑制剂），购自美国Sigma公司，先溶于95%乙醇，再用含0.1%吐温-80的无菌水配置成1000 μL/L SHAM备用；茉莉酸甲酯（Methyl Jasmonate，MeJA），购自美国Sigma公司，先使用微量0.1%吐温-80和少许乙醇混合均匀，后加无菌水配置为浓度1000 μL/L的MeJA溶液，保存于4 ℃冰箱备用。

4　试验仪器

超净工作台、人工气候箱、显微镜、恒温培养箱、灭菌锅、电子天平、超低温冰箱、冷冻离心机、制冰机、紫外-可见分光光度计、水浴锅、手持数字糖度计、果蔬呼吸测定仪、TA.XT Plus型质构仪等。

5　试验步骤

5.1　MeJA 处理

常温处理：用不同浓度MeJA（1、10、100和1000 μmol/L）处理。将梨果实置于密闭容器（6 L）中，容器内MeJA浓度依次为1、10、100和1000 μmol/L，25 ℃熏蒸处理36 h；对照组不做任何处理，置于相同环境内放置36 h，处理结束后打开盖子将果实取出通风，置湿度90%～95%、温度（25±1）℃环境中贮藏。每处理3次重复，每重复50个果实。处理后采用混合取样法于第0、3、6、9、12、15和18天统计腐烂率和失重率并取样。果实去皮，均匀地沿果实赤道部周围取果肉，切碎液氮冻样，置于–80 ℃超低温冰箱保存，待用。

冷藏处理：100 μmol/L MeJA，对照组不做处理。熏蒸处理方法同上述常温试验，冷藏条件湿度90%～95%，温度（3±1）℃。测定处理后第0 、7、14、21、35、42和49天腐烂率和失重率并取样。将果实去皮，均匀地沿果实赤道部周围取果肉，果肉切碎液氮冻样，置于–80 ℃超低温冰箱保存，待用。

5.2　指标测定

5.2.1　腐烂率和失重率的测定

腐烂率：以梨果实发生软化、汁液外漏作为腐烂标准。

腐烂率=腐烂个数/总数×100%

失重率：随机选取20个梨果实并编号称量果实质量。

失重率=（贮藏前质量–贮藏后质量）/贮藏前质量×100%

常温贮藏每3 d、冷藏每7 d测量一次指标并统计数据。

5.2.2 可溶性固形物含量（TSS）的测定

可溶性固形物含量采用手持数字糖度计（RA250-WE）测定，均匀取果实赤道部果肉研磨出汁，混匀后取3～4滴用于测定。

5.2.3 可滴定酸含量（TA）和总糖含量的测定

可滴定酸含量测定参考曹建康等方法，采用酸碱滴定法，总糖含量采用蒽酮比色法。

5.2.4 维生素C含量的测定

维生素C含量采用2,6-二氯靛酚滴定法测定。

5.2.5 果实硬度的测定

使用TA.XT Plus型质构仪（英国SMS公司）测定果实硬度，每个果实随机均匀取果实赤道部附近5个点测定，每组处理测定10个果实，3次重复。

5.2.6 呼吸速率的测定

使用果蔬呼吸测定仪（GHX-3051H）测定梨果实呼吸速率，脱CO_2的空气为载气，以标准CO_2（1040 μL/L）校准。

5.2.7 总酚含量和MDA含量测定

总酚和MDA含量测定方法同5.2.4。

5.3 数据处理与分析

试验数据利用Excel2003和SPSS16.0统计分析，使用Duncan新复极差法分析各处理间的差异显著性。

6 试验结果

6.1 MeJA处理对常温贮藏期间梨果实腐烂率和失重率的影响

梨果实常温贮藏期间腐烂率变化如图11-1 A所示，1～100 μmol/L MeJA处理组对果实腐烂率无影响，第9～15天时，1000 μmol/L MeJA处理显著加重梨果实腐烂率，其腐烂率显著高于对照和其他处理组。由图11-1B可知，梨果实失重率均随时间延长呈不断增大趋势，且MeJA处理对梨果实失重率无显著性影响（$P<0.05$）。

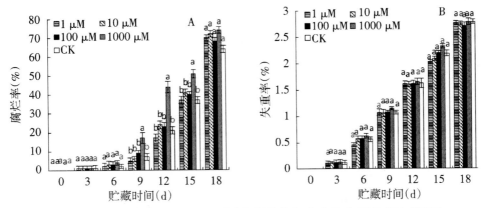

图 11-1　MeJA 处理对梨果实常温贮藏期间腐烂率（A）和失重率（B）的影响

6.2　MeJA 处理对常温贮藏期间梨果实硬度和呼吸强度的影响

由图 11-2 A 可知，常温贮藏期间随时间的延长果实后熟软化加剧，果实硬度不断降低，1～100 μmol/L MeJA 对梨果实硬度无显著性影响，而 1000 μmol/L MeJA 在贮藏第 3 天和第 6 天显著降低了梨果实硬度，分别比对照组降低了12.13% 和 12.34%，而其他时间点无显著性差异（$P<0.05$）。MeJA 处理对梨果实呼吸作用的影响如图 11-2 B 所示，果实呼吸强度随时间的延长呈先增大后降低的趋势，在第 6 天对照组出现呼吸峰值，达到 68.0 mg/kg·h，与对照组相比，1～100 μmol/L MeJA 处理组呼吸强度无显著性差异，而 1000 μmol/L MeJA 处理组梨果实呼吸强度均显著高于其他组处理（$P<0.05$）。

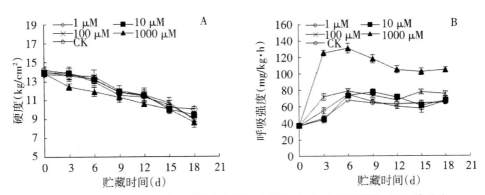

图 11-2　MeJA 处理对常温贮藏期间梨果实硬度（A）和呼吸强度（B）的影响

6.3　MeJA 处理对低温贮藏期间梨腐烂率和失重率的影响

如图 11-3A 所示，低温冷藏期间梨果实腐烂率随贮藏时间延长呈不断增大的趋势，第 35 天时 MeJA 处理组果实腐烂率较对照组降低 16.52%，差异达显著水平，其他时间点 MeJA 处理组与对照组之间果实腐烂率均无显著区别。失重率如

图 11-3B 所示，随时间延长呈不断增大趋势，且 MeJA 处理对梨果实失重率无显著性影响（$P<0.05$）。

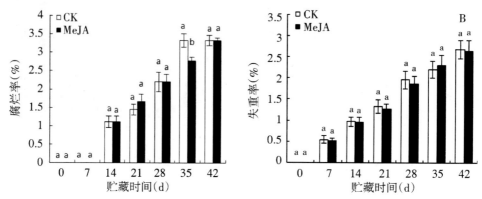

图 11-3　MeJA 处理对梨果实低温贮藏期间腐烂率（A）和失重率（B）的影响

6.4　MeJA 处理对低温贮藏期间梨果实硬度和呼吸强度的影响

由图 11-4 A 可知，在低温贮藏期间梨果实硬度随时间延长呈不断下降的趋势，且 MeJA 处理对梨果实硬度无显著影响。MeJA 处理对果实呼吸作用的影响如图 11-4 B 所示，MeJA 处理组和对照组果实呼吸强度随时间的延长均呈先增大后降低的趋势。第 14 天前，MeJA 处理组呼吸强度高于对照组，差异不显著，第 14 d 后，对照组呼吸强度逐渐高于 MeJA 组，两者在 21～35 d 差异达显著水平（$P<0.05$）。

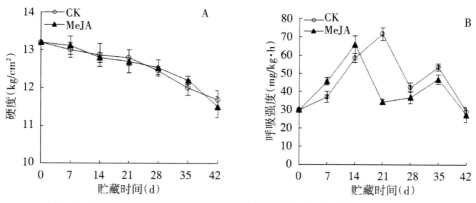

图 11-4　MeJA 处理对低温贮藏期间梨果实硬度（A）和呼吸强度（B）的影响

6.5　MeJA 处理对梨果实主要品质成分的影响

6.5.1　MeJA 处理对常温贮藏期间梨果实 TSS 和总糖含量的影响

不同处理梨果实可溶性固形物在常温贮藏期间的变化如图 11-5A 所示，随贮藏时间的延长各处理TSS均呈先升高后下降的趋势，且各处理之间无显著差异。在0～6 d MeJA处理组和对照组果实TSS不断上升，在第6天之后缓慢下降。由图11-5B可知，各处理果实总糖含量均呈先升高后降低的趋势，且均在贮藏第12天达到峰值，1～100 μmol/L MeJA处理组总糖含量与对照组之间无显著差异。和对照组相比，1000 μmol/L MeJA在第12和18天显著降低了果实总糖含量，分别是对照的91.24%和92.57%（$P < 0.05$）。

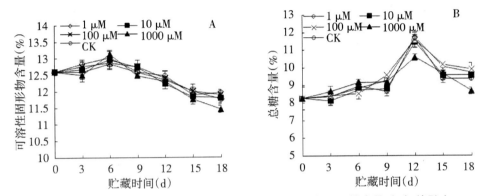

图11-5　MeJA处理对常温贮藏期间梨果实TSS（A）和总糖含量（B）的影响

6.5.2　MeJA处理对常温贮藏期间梨果实TA和维生素C含量的影响

由图11-6A可知，常温贮藏下处理组和对照组TA含量呈先上升后下降的趋势，MeJA处理和对照之间差异不显著。处理组和对照组梨果实维生素C含量如图11-6B所示，随时间延长不断降低，MeJA处理组与对照组相比维生素C含量差异均不显著（$P < 0.05$）。

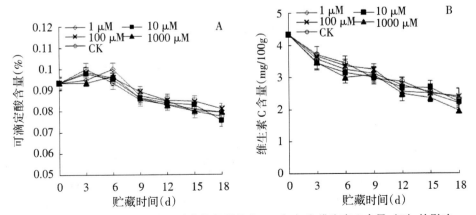

图11-6　MeJA处理对常温贮藏期间梨果实TA（A）和维生素C含量（B）的影响

6.5.3　MeJA处理对低温贮藏期间梨果实TSS和总糖含量的影响

由图11-7A可知，在低温贮藏期间MeJA处理组和对照组TSS不断降低，在贮藏21～42 d期间和对照相比，MeJA处理提高了果实TSS含量，除42 d外均有显著差异。总糖含量变化如图11-7B所示，在整个贮藏期先上升后下降，与对照相比，贮藏14 d内MeJA处理可以显著提高果实总糖含量（$P<0.05$）。

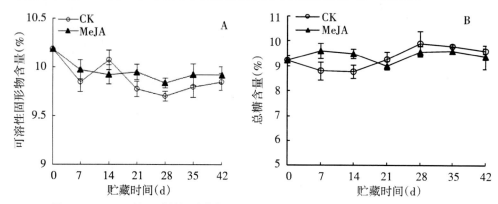

图11-7　MeJA处理对低温贮藏期间梨果实TSS（A）和总糖含量（B）的影响

6.5.4　MeJA处理对低温贮藏期间梨果实TA和维生素C含量的影响

在低温贮藏期间MeJA处理对果实TA含量的影响如图11-8A所示，随时间的延长MeJA处理组和对照组果实均呈先上升后降低的趋势，且均在贮藏第14天TA含量达到最高，分别为0.14%和0.12%，在14和28～42 d MeJA处理显著提高了果实TA含量，其中35 d MeJA处理组TA含量为对照组的1.25倍。MeJA处理对果实维生素C含量影响如图11-8B所示，随时间延长MeJA处理组和对照组果实维生素C含量均呈不断下降的趋势。与对照相比，MeJA处理组在7、14和42 d显著提高了果实维生素C含量（$P<0.05$），分别为4.38、4.21和3.72 mg/100g，分别是对照组的1.21、1.18和1.19倍。

6.6　MeJA处理对常温贮藏期间梨果实MDA和总酚含量的影响

常温贮藏期间，不同浓度MeJA处理及对照梨果实MDA含量如图11-9A所示，各处理果实MDA含量均随时间延长呈先降低后上升的趋势，在贮藏第6天果实MDA含量急剧升高。和对照组相比，100 μmol/L MeJA处理组果实MDA含量则在贮藏第9～18天显著低于对照组，而1000 μmol/L MeJA处理组在第3、12和18天显著提高了果实中MDA含量，且在第18天达到最高，为4.13 mmol/g，是对照组的1.31倍，其他浓度处理和对照组之间无显著差异。由图11-9B可知，各处理梨果实总酚含量呈不断降低的趋势。和对照组相比，100 μmol/L MeJA则在整个贮藏期均提高了果实总酚含量，且除第15天之外其他时间均显著高于对照组，最高为对照组的1.43倍；1000 μmol/L MeJA处理组果实总酚含量一直处于较低水平，且在第3、6和15天显著低于对照组（$P<0.05$）。

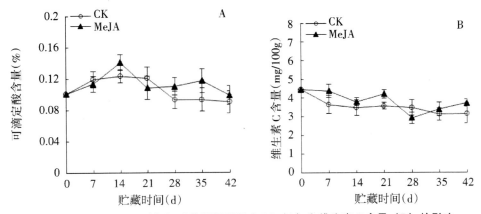

图11-8　MeJA处理对低温贮藏期间梨果实TA（A）和维生素C含量（B）的影响

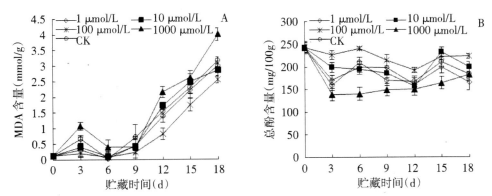

图11-9　MeJA处理对常温贮藏期间梨果实MDA（A）和总酚含量（B）的影响

6.7　MeJA处理对低温贮藏期间梨果实MDA和总酚含量的影响

如图11-10A所示，低温贮藏期间，MeJA处理组和对照组梨果实MDA含量不断增加。和对照组相比，MeJA处理在第21和42天MDA含量分别降低了22.94%和24.30%，差异达显著水平。由图11-10B可知，对照组梨果实总酚含量变化较为平稳，呈略微下降的趋势，而MeJA处理组果实总酚含量则呈现先上升后降低的趋势，在贮藏第28～42天MeJA处理可以显著提高果实总酚含量，其中第35天出现峰值，最高达191.03 mg/100g，是对照组的1.27倍（$P<0.05$）。

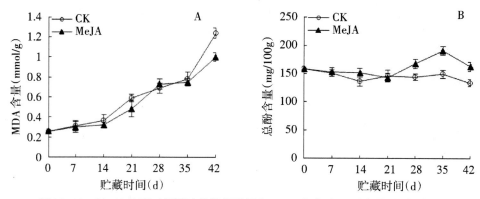

图11-10　MeJA处理对低温贮藏期间梨果实MDA（A）和总酚含量（B）的影响

7　试验讨论

　　果实在采后贮藏期间由于自身生理代谢的进行，其品质会下降，商品价值降低，如何在贮藏期间延缓果实品质下降从而延长果实货架期，是目前急需解决的主要问题。近年诸多试验表明，MeJA处理可以有效保持贮藏期间果实营养品质，延长果实货架期。前人研究发现，1 μmol/L的MeJA溶液浸泡处理芹菜可以延缓贮藏期鲜切芹菜的可溶性蛋白、纤维素和叶绿素的降低，保持其较好的生理品质；0.1 mmol/L的MeJA熏蒸处理可以显著降低低温贮藏期间猕猴桃果实腐烂率和失重率，有效延缓果实可滴定酸和可溶性固形物的下降；另有研究表明，0.3 mmol/L的MeJA处理不仅可以保持鲜切紫薯中类黄酮和花青素的含量，还可以使鲜切紫薯保持较好光泽，提高紫薯的商品价值。本试验发现，梨果实经100 μmol/L MeJA处理可以显著提高低温贮藏期间果实TSS、可溶性固形物、总糖含量及维生素C含量。这可能与MeJA有效抑制了梨果实呼吸作用，降低果实代谢活动有关。这一结果与前人在马铃薯、尖椒和石榴中的结论类似。而在常温贮藏期间MeJA处理对果实总糖、TSS和可滴定酸含量影响不大，这与在樱桃番茄的研究结果相符，说明MeJA调控果实品质受温度的影响。

　　呼吸作用成为采后果实的主要代谢活动，对调控果蔬采后的衰老起至关重要的作用。近年来多项研究指出，MeJA可以调控多种采后果蔬的呼吸作用，且受MeJA浓度和果蔬种类的影响。前人研究认为，低浓度MeJA处理大豆可以降低豆荚呼吸强度，保持豆荚中维生素C和叶绿素含量，降低腐烂率；同时MeJA处理也可以抑制冬枣果实贮藏期乙烯的释放，降低冬枣呼吸强度，有效延缓其衰老进程。上述结论与本试验将MeJA应用于梨果实结论相同，在低温贮藏期间100 μmol/L MeJA熏蒸处理显著抑制了梨果实的呼吸作用，而1000 μmol/L MeJA处理则加剧了果实呼吸作用，促进了果实衰老，说明MeJA调控果实呼吸强度具有浓度效应。梨果实含有大量酚类物质如总酚类黄酮，具有清除自由基的作用，起到重要的抗氧化效果。本试验研究表明，MeJA处理在常温和低温贮藏期间均可以显著提高梨果实总酚含量，使其维持在较高水平，提高了贮藏期间梨果实的抗氧化能力。

综上所述，采后梨果实用MeJA进行熏蒸处理，在常温贮藏期间，除总酚和MDA含量外，1～100 μmol/L的MeJA处理对果实其他品质指标无明显影响，而1000 μmol/L的MeJA处理则提高了果实呼吸强度，降低了果实硬度。在冷藏期间，100 μmol/L MeJA熏蒸处理可以显著抑制低温贮藏期间果实呼吸强度，延缓果实衰老，维持TSS在较高水平，延缓可滴定酸和维生素C的降解；同时促进果实总酚含量的积累，增强果实抗氧化能力，抑制MDA含量积累，减轻细胞膜脂过氧化伤害，提高果实品质。

试验十二　杨梅叶斑病病原的分离与鉴定

1　试验背景

杨梅（*Myrica rubra*）是一种营养和经济价值极高的重要果树，在我国多个地区广泛种植，其果实具有生津止渴、解酒解暑、助消化等功效。由于杨梅果园普遍存在栽培管理不善、病害防治技术落后、防治方法不合理等问题，导致病害发生严重，影响杨梅产量与质量。明确杨梅采前、采后病害发生的种类与特点是开展病害综合防控的基础，本试验组前期在江西省九江市一杨梅果园进行病害调查时发现该果园叶斑病发生严重，本试验采用形态学鉴定和分子生物学鉴定的方法明确其病原菌种类，以期为杨梅叶斑病病害的综合防控提供参考依据。

2　试验目的

通过对杨梅叶斑病病害的调查，了解杨梅叶斑病的种类及危害，分离主要病原菌，通过形态学和分子生物学技术相结合的方法明确致病菌，以期为杨梅生长期病害防控措施提供理论依据和参考。

3　试验材料

杨梅叶片：采摘自江西省九江市一杨梅果园，采集具有典型症状的病叶装入样品收集袋，湿棉花覆盖保湿，于4℃冰箱保存，用于病原菌分离与鉴定。

基因组DNA快速制备试剂盒（上海博彩生物科技有限公司）和AxyPrep DNA凝胶回收试剂盒（康宁生命科学有限公司）。

4　试验仪器

超净工作台、人工气候箱、显微镜、恒温培养箱、灭菌锅、电子天平、超低温冰箱、冷冻离心机、制冰机、紫外-可见分光光度计、水浴锅等。

5　试验步骤

5.1　病原菌的分离与纯化

采用组织分离法对病原菌进行分离。采集症状典型的病叶,清水冲洗后用浸有75%乙醇的棉球擦拭表面,切取病健交界处的小块病组织(5 mm×5 mm),用75%乙醇消毒10～15 s,再用0.1%升汞消毒1～2 min,无菌水冲洗3次,晾干后移至PDA平板上,置于28 ℃恒温培养箱中培养3 d。待长出菌落后,从菌落边缘挑取菌丝接到新的PDA平板上纯化培养,4 ℃冰箱中备用。

5.2　致病性检测

根据柯赫氏法则,将纯化的病原菌回接到健康的杨梅叶片上检测其致病性。选取健康杨梅叶片,用75%乙醇进行表面消毒,再用无菌水清洗,自然晾干,用灭菌接种针刺伤叶片(直径2.0 mm),于伤口处接种10 μL孢子悬浮液($1.0×10^6$ spores/mL),湿棉花覆盖保湿,无伤接种方法相同,以接种无菌水作为对照,重复3次。置于28 ℃恒温培养箱中培养,记录发病情况。待病征明显后再从回接的病叶上分离纯化病原菌。

5.3　病原菌形态学鉴定

5.3.1　菌落形态及分生孢子形态

将纯化后的病菌转接到PDA平板上,于25 ℃恒温培养箱中黑暗培养5～7 d,观察其病菌生长形态和颜色,并在显微镜下观察菌丝和分生孢子的形态特征,测量孢子大小。

5.3.2　形态学鉴定依据

观察分离纯化得到的病原菌颜色和分生孢子的形态大小,根据《真菌鉴定手册》及其他参考文献对各致病菌进行初步鉴定。

5.4　病原菌分子鉴定

5.4.1　菌丝收集培养

在超净工作台上用7 mm打孔器取病原菌菌饼于液体培养基(PD)中,摇床培养7 d左右(28 ℃,200 r/min)。用纱布过滤菌液,菌丝滤出用无菌滤纸吸干水分,在研钵中加液氮研磨成粉末。

5.4.2　DNA提取

用基因组DNA快速制备试剂盒(购自上海博彩生物科技有限公司)提取待鉴定病菌的DNA。

5.4.3　扩增引物序列

用真核生物通用引物对ITS1/ITS4(ITS1 5'-TCCGTAGGTGAACCTGCGG-3';

ITS4 5′-TCCTCCGCTTATTGATATGC-3′）扩增 rDNA-ITS 序列，用 ACT-512F/ACT-783R（ACT-512F 5′-ATGTGCAAGGCCGGTTTCGC-3′；ACT-783R 5′-TACGAGTCCTTCTGGCCCAT-3′）扩增肌动蛋白基因（actin gene，ACT），用 CHS-79F/CHS-345R（CHS-79F 5′-TGGGGCAAGGATGCTTGGAAGAAG-3′；CHS-345R 5′-TGGAAGAACCATCTGTGAGAGTTG-3′）扩增几丁质合成酶基因（chitin synthase，CHS），用 CL1C/CL2C（CL1C 5′-GAATTCAAGGAGGCCTTCTC-3′；CL2C 5′-CTTCTGCATCATGAGCTGGAC-3′）扩增钙调蛋白基因（calmodulin gene，CAL），用 GDF/GDR（GDF 5′-GCCGTCAACGACCCCTTCATTGA-3′；GDR 5′-GGGTGGAGTCGTACTTGAGCATGT-3′）扩增3-磷酸甘油醛脱氢酶基因（Glyceraldehyde-3-phosphatedehydrogenase，GAPDH）。

5.4.4　PCR扩增体系与反应条件

PCR扩增50 μL体系：①ITS1（10 pmol/L）0.8 μL；②ITS4（10 pmol/L）0.8 μL；③DNA 模板 2 μL；④10×PCR buffer 5 μL；⑤ddH$_2$O 36.9 μL；⑥dNTP mix 4 μL；⑦r-Taq 0.5 μL。混合均匀后按以下程序进行PCR扩增：

94 ℃预变性6 min，94 ℃变性45 s，55 ℃退火30 s，72 ℃延伸1 min。30个循环后72 ℃延伸8 min。PCR完成后用1%琼脂糖凝胶电泳。PCR产物用 AxyPrep DNA凝胶回收试剂盒（康宁生命科学有限公司）回收纯化，扩增产物由北京擎科生物科技有限公司进行测序。

5.4.5　序列分析

分离得到的菌株 rDNA-ITS 测序结果经 DNAstar 软件分析后登陆 NCBI 进行同源性比对分析。

6　试验结果

6.1　病叶症状

杨梅叶斑病病原危害症状：最初为叶片上出现淡褐色圆形小斑点，随着疾病的发展逐渐扩大为圆形或不规则的深褐色斑点，后期病部中心形成坏死组织，最终导致叶片褪绿和萎蔫。

6.2　病原菌致病性测定

将分离纯化的真菌接种到健康的杨梅叶片上，结果显示接种后的叶片均发病萎蔫，症状与初分离时病叶症状相同。并从回接发病的病叶上再次分离得到形态一致的菌株，表明该菌株为致病菌。

6.3　病原菌形态学鉴定

在28 ℃恒温培养箱培养5～7 d后观察记录病原菌在PDA培养基上的菌落形

态、颜色，在显微镜下观察并记录菌株分生孢子形态大小，根据《真菌鉴定手册》和相关文献对病原菌进行形态学鉴定。

在PDA培养基上，菌落最初呈白色，有丰富的气生菌丝，菌落中心在后期变成灰白色，产孢较少。在查氏培养基（CA）上，菌落菌丝较稀疏，产生大量橙黄色小颗粒（分生孢子团）。分生孢子单胞，无色，1～2个油球，长椭圆形，两端钝圆，大小为（14.45～18.44）mm×（5.54～6.98）μm（平均为16.27 μm × 6.19 μm，n=50）。

6.4　病原菌分子鉴定

将扩增产物送至北京擎科生物科技有限公司测序，获得的序列大小分别为ITS（546 bp），ACT（262 bp），CHS（271 bp），CAL（741 bp），GAPDH（255 bp）。登陆NCBI网站进行BLAST同源性比对分析发现，致病菌与果生炭疽菌（*Colletotrichum fructicola*）同源性均在100%。结合形态学特征与分子鉴定结果，该致病菌为果生炭疽菌，为我国首次报道。

7　试验讨论

多种病原菌的侵染是导致杨梅产量、品质下降的主要因素，适宜条件下，病原菌侵入寄主内部大量生长繁殖，掠夺寄主营养并分泌有害代谢物，致使叶片萎蔫脱落。形态学鉴定通常包括病原菌菌落颜色、形态以及生长速度等，分生孢子的大小、形状颜色等。但由于部分真菌形态特征随培养环境的变化不稳定，因此还需结合分子生物学技术的方法对病原菌进行鉴定。本试验根据科赫氏法则分离得到杨梅叶斑病病原菌，以形态学和分子生物学相结合的方法明确了该病原菌为果生炭疽菌。

附 录

附录1

植物病原菌及病害标本采集保存规范

1　范围

本标准规定了植物病原菌及病害标本的采集、保存和记录方面的要求和规范。

本标准适用于植物和植物产品中植物病原菌及病害标本的采集和保存。

2　规范性引用文件

下列文件对于本文件的应用是必不可少的，凡是注日期的引用文件，仅注日期的版本适用于本文件。凡是不注日期的引用文件，其最新版本（包括所有的修改单）适用于本文件。

SN/T 2589　植物病原真菌检测规范

SN/T 2601　植物病原细菌常规检测规范

SN/T 2682　植物有害生物信息采集要求

SN/T 2964　植物病毒检测规范

SN/T 3689　植物检疫性有害生物实验室生物安全操作规范

3　术语和定义

下列术语和定义适用于本文件。

3.1　植物病原菌 plant pathogen

能侵染寄生于植物体并导致侵染性病害发生的生物。本标准中植物病原菌的定义包括有植物病原真菌、细菌、病毒、类病毒和植原体。

3.2　病害标本 disease specimen

本标准中特指带有症状的植株或植物组织。

4 基本原则

植物病原菌及病害标本的采集和保存应用于病害识别、检测和鉴定依据及科研工作中，保存的菌种和标本须满足以上的工作要求。

5 器具和试剂

5.1 仪器和工具

常用的工具有刀、剪、锄、锯等，以及标本夹、标本箱、标本纸、小玻瓶、塑料袋、标签、便携保温箱等。分离纯化病原菌需要的工具和仪器有酒精灯、接种针、手术刀、镊子、玻片、超净台、显微镜、灭菌锅等。植物病原菌保存常用到玻璃试管、安瓿瓶、冰箱、培养箱、冷冻干燥机等。

5.2 试剂

标本保存会用到多种浸渍液，其用途是保持植物标本的稳定性，例如防腐浸渍液等。用于菌种和核酸保存的保护剂和缓冲液，例如甘油缓冲液、矿物油、二甲基亚砜（DMSO）、奶粉溶液、TE缓冲液等。常用试剂见附录A。

6 植物病原菌及病害标本的采集和制作

6.1 准备

对于植物病原菌及病害标本的采集需要了解待研究病害的发生发展规律、症状特征，选择合适的季节、时间以及植株部位，选用合适的工具。

6.2 症状观察

根据具体病害的症状特征，选取典型症状的发病植株部位和病原菌存活部位进行采集。

6.3 病害标本的采集

选用合适的工具对带有症状的植株或植物组织进行取样，对于病害症状标本要尽量保持原有性状，用于分离纯化的样品要保证病原菌能够得到有效分离，例如在采集过程中携带保温箱，可将采集样品及时放置于低温条件以免性状发生变化。注意避免采集的样品之间交叉污染，以及在储存和运输过程中保证样品的密封，防止污染和扩散。

6.4 病害标本的制作

采集的标本通过鉴定后，除作为分离用组织材料外，一般采用干燥法和浸渍法进行保存，要求能够尽量保持标本的本来性状。干燥法是指用吸水纸、脱脂棉等吸取植物组织水分，压制成干燥的标本并保存，对于水分多和较大的标本一般采用冷冻干燥或烘箱脱水等方法；浸渍法是指用具有防腐和保持标本色泽的浸渍液对标本进行浸泡保存的方法。

6.5　记录

依据SN/T 2682要求，对于采集的标本要及时记录信息，主要包括寄主名称、时间和地点、主要发生情况、生态环境因子等，典型病害症状其性状容易发生变化的标本要保存照片资料。信息记录表格见附录B。

6.6　病害标本的保存

植物病害标本一般放置于干燥、避光的室温环境，每3个月～6个月进行定期检查，干燥法制作的标本主要防止发霉和虫蛀，可定期更换吸水纸等干燥材料并使用除虫药剂。浸渍法制作的标本要注意避光或在暗处保存，以延缓浸渍液的氧化，增加保存时间，同时定期检查标本瓶的密封情况。

6.7　病原菌的分离纯化和鉴定

植物病原真菌和细菌的分离纯化要注意的方面包括实验环境条件、材料选择、表面消毒、分离方法和转接纯化。应依据SN/T 2589、SN/T 2601和SN/T 2964等技术标准对采集的病原菌标本进行分离纯化和鉴定，对于不能及时分离的标本样品要低温冷藏，应尽快进行病原菌的分离纯化。病原菌的鉴定方法若无标准可循，应在科赫法则指导下完成鉴定工作。

7　植物病原菌的保存

7.1　真菌菌种的保存方法

7.1.1　定期移植

又称传代培养保藏法，包括斜面培养、穿刺培养、液体培养等。将菌种接种于适宜的培养基中，最适条件下培养，待生长充分后，于4～8 ℃进行保存并间隔一定时间（6～8个月）进行移植培养。常用培养基见附录A。

7.1.2　矿物油保存

将菌种接种在适宜的斜面培养基上，在最适条件下培养至菌种长出健壮菌落后注入灭菌的矿物油，使其覆盖整个斜面，加的量应该超过斜面部1 cm，室温或冷藏保存。该方法在真菌菌种保藏中应用广泛，多数真菌可以用这种方法保存，一般能够存活3年以上，有的存活期可达10年。

7.1.3　土壤保存

土壤保存法一般用于产生孢子的真菌，有两种不同的方法。一种方法是将孢子悬浮液加在试管中灭菌的土壤中，任其干燥后保存，或将干的真菌孢子与试管中灭菌的干土壤混合后保存。另一种方法是试管中放5 g含水量70%的土壤，灭菌后加1 mL的孢子悬浮液，在室温下培养10天后保存。土壤保存的菌种，一般都是放在冰箱4 ℃～6 ℃冷藏。

7.1.4 干燥保存

干燥以后的真菌孢子或菌丝体，与干燥的砂、土壤或硅胶等混合，也可将纯培养菌丝放置于灭菌滤纸上，抽真空后密封室温或低温保存，该方法在真菌菌种的短期保存中经常采用，一般能保存2年以上。

7.1.5 冻干保存

该方法适用于能够产生孢子的真菌，将孢子悬浮液少许放置于安瓿瓶中冷冻后在低温环境下抽真空，抽气使冷冻状态的悬浮液完全干燥后，安瓿瓶封口后在室温下或冷藏保存，该方法一般能保存3年以上。

7.1.6 灭菌蒸馏水中保存

将保存的真菌先在琼脂培养基平皿上培养，然后切取小块琼脂培养基，放在灭菌的蒸馏水中保存，灭菌的蒸馏水可以盛在有螺盖的小玻瓶中或者用橡皮塞密封的试管中室温或低温保存。该方法常用于真菌菌种的短期保存，一般能保存1年以上。

7.1.7 -80 ℃超低温保存

将真菌孢子悬浮液或菌丝培养物置于-80 ℃超低温冰箱中保存。注意在保存准备时需要添加合适的保护剂，一般能够保存2年以上。保护剂常用灭菌甘油，浓度一般为30%～50%。

7.1.8 液氮保存

将干燥的真菌孢子或菌丝体，或者加有保护剂的菌体培养物放置于无菌安瓿瓶中，经过预冻至-40 ℃，然后立即放入液氮生物贮存罐中保存。该方法常用于真菌菌种的长期保存，一般能保存3年以上。

7.1.9 核酸保存

将分离纯化的真菌菌种提取核酸，提取方法可参照相关技术资料，也可采用商品试剂盒。提取的核酸可以放置于TE缓冲液中冷藏保存，或分装后-20 ℃保存，注意避免反复冻融，一般能够保存1年以上，需要长期保存的可以干燥处理后超低温保存。

7.2 细菌菌种的保存方法

7.2.1 植物组织保存

某些细菌可以在干燥的植物组织上常温保存，如叶斑病可以保存干燥的叶片。对于根、茎等组织，可以放在塑料袋内，在-20 ℃下保存。

植物组织中保存也能应用于植原体等不能培养的病原菌，采用组培或定期接种，维持病株的办法。

7.2.2　斜面冷藏保存

斜面保存方法适用于短期保存。多数细菌在斜面上不断生长，因此保存期不过1周～10周。由于不断生长和移植，致病力容易发生变化，斜面应放置于冰箱冷藏保存。常用培养基见附录A。

7.2.3　灭菌蒸馏水中保存

新鲜培养的细菌，从斜面上洗下或挑下，放在灭菌的蒸馏水中密闭保存，稀释浓度每毫升含细菌10^6～10^7个菌体，该方法适用于大多数细菌，一般能存活1年以上。

7.2.4　矿物油保存

具体方法可参见真菌的保存。矿物油下保存细菌，最好使用缓冲作用好的培养基。菌种可在室温下保存，适宜在冰箱中保存。多数植物病原细菌可以存活数月，甚至数年。

7.2.5　甘油保存

使用灭菌的甘油溶液（浓度15%～30%）稀释新鲜培养的细菌成菌悬液，放置于密闭小管中在-20℃的冷柜中保存，存活期可达1年以上。

7.2.6　冷冻干燥

冷冻干燥是保存细菌的最好的方法，世界各国的植物病原细菌收藏中心，都是采用冷冻干燥作为菌种长期的保存方法。使用灭菌奶粉溶液将新鲜培养的细菌菌体制成悬浮液，取少许放置于安瓿瓶中冷冻后在低温环境下抽真空，抽气使冷冻状态的悬浮液完全干燥后，安瓿瓶封口后在室温下或冷藏保存，该方法一般能保存5年以上，有的菌种能够存活20年以上。

7.2.7　干燥保存

干燥保存法也适用于细菌，特别是产生芽孢的细菌。将细菌悬浮液加在灭菌的土壤中，室温下干燥后放在冰箱中。有些植物病原细菌可用这种方法长期保存，致病性也不减退。细菌也可以往沙土和硅胶中，特别是硅胶保存是很好的方法，操作步骤与真菌相同。

7.2.8　液氮保存

用甘油或二甲亚砜（DMSO）作保护剂制备细胞悬液，分装入无菌安瓿瓶，每管0.2 mL，在控制温度下降速率为1℃/min的条件下预冻至-40℃，然后立即放入液氮生物贮存罐中气相（-150℃）保存。

7.2.9　商品化菌种保存试剂盒

有商品化的菌种保存管，通过磁珠吸附细菌，把纯培养的菌种接到该保存管混匀低温保存，用时解冻挑取一个磁珠传种。

7.3 植物病毒的保存

7.3.1 植物组织保存

植物病毒的短期保存，基本在一周之内，可以将植物组织放置于冰箱或冰盒内，湿度越低保存时间越长。植物病毒接种于生长的植株上进行保存容易发生突变或退化，影响保存效果，可以通过接种方式来保持其活性。植物类病毒的保存方法可以参考植物病毒的保存方法。

植物病毒的长期保存一般采用带毒组织的干燥保存，如叶片进行干燥处理后粉碎装入无菌安瓿瓶中低温保存。

带毒的植物新鲜组织放置于-80 ℃条件下可保存1～2年。

7.3.2 核酸保存

植物病毒核酸提取后可保存在去除RNA的TE缓冲液或70%的乙醇溶液中，低温环境下保存时间会更长，在-80 ℃条件下能保存1年以上。目前有商品化的试剂盒来保存植物病毒核酸。常用试剂见附录A。

8 菌种的保存时间和复活方法

针对不同的保存方法和菌种，应采取保守的保存时间，以保证菌种的活性；针对菌种的生物学性状选择适宜的培养基和培养条件进行复活，为保证菌种的稳定性，建议实验中采用二代以内的菌株。

9 其他技术要求

菌种的保存和使用要进行登记记录，专人管理。

菌种移植过程中，要对菌株编号和培养基进行核对，避免发生错误。

植物病原菌保存期间，要定期检查存放设施的运行状况以及菌株有无污染情况。

确保实验操作过程中对环境和人员不造成污染。

废弃的标本和菌株要进行除害处理，防止污染扩散。

其他实验室操作事项均依据SN/T 3689要求。

10 病害标本及菌种的保存记录

植物病原菌的保存记录中应包括：采集时间、采集地点、采集人、寄主植物、保存状态、菌种中文名称、菌种拉丁文名称、菌种保存时间、菌种保存编号、图片编号、核酸保存物编号等。

附录A

常用培养基和试剂
（规范性附录）

A.1　细菌保存斜面培养基

A.1.1　肉汁冻培养基

蛋白胨8 g，牛肉浸膏3 g，蔗糖10 g，水（H_2O）1000 mL。调整pH值至7.0，121 ℃湿热灭菌20 min。

A.1.2　金氏B培养基

蛋白胨20 g，甘油10 g，硫酸镁（$MgSO_4 \cdot 7H_2O$）1.5 g，磷酸氢二钾（K_2HPO_4）1.5 g，琼脂15 g，蒸馏水1000 mL。调整pH值至7.2，121 ℃湿热灭菌20 min。

A.1.3　523培养基

蛋白胨8 g，酵母粉4 g，硫酸镁（$MgSO_4 \cdot 7H_2O$）0.3 g，磷酸氢二钾（K_2HPO_4）2 g，琼脂18 g，蒸馏水1000 mL。调整pH值至7.0～7.1，121 ℃湿热灭菌20 min。

A.2　真菌保存斜面培养基

A.2.1　PDA培养基

马铃薯200 g，葡萄糖20 g，琼脂15 g～20 g，蒸馏水1000 mL，121 ℃湿热灭菌20 min，自然pH。

A.2.2　燕麦培养基

燕麦片30 g，琼脂17 g～30 g，蒸馏水1000 mL，121 ℃湿热灭菌20 min，自然pH。

A.3　标本制作常用浸渍液

A.3.1　防腐浸渍液

甲醛50 mL，乙醇（95%）300 mL，蒸馏水2000 mL。

该浸渍液具有防腐作用，不能保持标本原色，能够长时间保存标本。

A.3.2 瓦查（Vacha）浸渍液

甲醛3 mL，亚硫酸（饱和溶被）142 mL，乙醇（95%）142 mL，丁子香油1 mL，硫酸铜（$CuSO_4 \cdot 5H_2O$）1 g，乙酰水杨酸1.5 g，加蒸馏水定容至1000 mL。

该浸渍液适用于保持标本色泽，如叶片和果实的绿色、黄色，建议每年更换1次浸渍液。

A.4 菌种保存常用缓冲液

A.4.1 甘油缓冲液

甘油和蒸馏水配制成浓度15%～30%的甘油缓冲液，121 ℃湿热灭菌20 min后室温保存备用。

A.4.2 奶粉溶液

脱脂奶粉和蒸馏水配制成浓度20%的奶粉溶液，121 ℃湿热灭菌20 min后室温保存备用。

A.4.3 TE缓冲液

1 mol/L Tris·HCl溶液（pH 8.0）5 mL，0.5 mol/L EDTA溶液（pH 8.0）1 mL，加蒸馏水定容至500 mL，121 ℃湿热灭菌20 min后室温保存备用。

附录B

病害标本采集保存信息登记表
（规范性附录）

B.1 病害标本采集信息登记表

病害标本采集信息登记表见表B.1。

表B.1 病害标本采集信息登记表

标本采集信息表			
编号		采集地点	
寄主学名		采集时间	
寄主中文名		采集人	
采集部位		发生情况	
目标病原物		气候情况	
保存条件		环境因子	
备注			

B.2 菌种保存信息登记表

菌种保存信息登记表见表B.2。

表B.2 菌种保存信息登记表

菌种保存信息表			
菌种学名		菌种中文名	
菌种异名		病害英文名	
实验室编号		菌库编号	
资源归类		菌种来源	

续表 B.2

菌种保存信息表

寄主名称		来源国家	
采集地区		采集环境	
分离人		鉴定人	
分离时间		鉴定人单位	
保存时间		保存条件	
危险等级		培养基	
备注			

附录2

柑桔溃疡病菌的检疫检测与鉴定

1 范围

本标准规定了柑桔溃疡病菌（*Xanthomonas axonopodis* pv. *Citri*）的田间症状和实验室病原形态鉴定、免疫学和PCR检验的技术要求。

本标准适用于芸香科植物检疫中柑桔溃疡病菌的检测和鉴定。

2 规范性引用文件

下列文件对于本文件的应用是必不可少的。凡是注日期的引用文件，仅注日期的版本适用于本文件。凡是不注日期的引用文件，其最新版本（包括所有的修改单）适用于本文件。

GB/T 5040—2003 柑桔苗木产地检疫规程

3 术语和定义

下列术语和定义适用于本文件。

3.1 显症植株 diseased plant

受柑桔溃疡病菌侵染，并已经表现症状的寄主植物。

3.2 无症带菌植株 asymptomatic plant

受柑桔溃疡病菌侵染，但并没有表现症状的寄主植物。

3.3 疑似症状 suspicious lesion

部分符合柑桔溃疡病典型症状描述或与典型症状描述相近似的症状。

4 柑桔溃疡病菌基本信息

中文名：柑桔溃疡病菌。

学名：*Xanthomonas axonopodis* pv. *Citri* Vauterin et al 1995。

异名：*X. campestris* pv. *Citri*（Hasse）Dye 1978。

病害英文名：citrus canker，Bacterial canker of citrus。

属于黄单孢杆菌科，黄单孢杆菌属。

柑桔溃疡病远距离传播主要是通过人为的引种，商品的流通。带病苗木、接穗和果实等繁殖材料是该病传播的载体。田间传播则是通过风雨、昆虫和农事操作等。

柑桔溃疡病菌的相关资料参见附录 A。

5 方法原理

对于已形成柑桔溃疡病典型症状样品，由于典型症状易识别，且近似症状的病原菌为真菌（参见附录 B），通过菌溢检查和革兰氏染色法，可直接进行鉴定；对于有疑似症状的样品，通过病原分离培养和接种试验可进行检验鉴定；间接 ELISA 检验主要用于疑似症状、不显症样品的检验鉴定；PCR 检验主要用于以上两种方法均不能确定时的检验鉴定，有条件的实验室也可直接用于疑似症状、不显症植株的检验鉴定。

6 仪器及用具

6.1 症状及病原形态鉴定仪器及用具

天平、高压灭菌锅、超净工作台、培养箱、生物显微镜、体式显微镜、解剖刀、接种棒、培养皿、烧杯、载玻片、盖玻片、吸管等。

6.2 ELISA 检测仪器及用具

天平、高速台式离心机、打孔器、微量移液器一套、移液器、酶标板、酶标仪等。

6.3 PCR 检测仪器及用具

高速台式离心机、PCR 扩增仪、PCR 反应管、水平电泳仪、凝胶成像系统、微量移液器一套。

7 试剂及材料

除非另有说明，在本标准中仅使用确认的分析纯试剂和蒸馏水或去离子水或相当纯度的水。

7.1 症状及病原形态检测试剂与材料

7.1.1 无菌水 H_2O。

7.1.2 革兰氏染色液。

7.1.3 蔗糖蛋白胨培养基PSA。

7.2 ELISA检验试剂与材料

7.2.1 样品提取液：取1.15 g磷酸氢二钠（Na$_2$HPO$_4$）、0.2 g氯化钾（KCl）、0.2 g磷酸二氢钾（KH$_2$PO$_4$）、8 g氯化钠（NaCl）、0.2 g叠氮化钠（NaN$_3$），用1000 mL蒸馏水溶解，并调整pH值到7.4。

7.2.2 洗涤液：取1.15 g磷酸氢二钠（Na$_2$HPO$_4$）、0.2 g氯化钾（KCl）、0.2 g磷酸二氢钾（KH$_2$PO$_4$）、8 g氯化钠（NaCl）、0.5 g吐温-20，用1000 mL蒸馏水溶解，并调整pH值到7.4。

7.2.3 封闭液：取5 g无脂奶粉，用100 mL样品提取液溶解。

7.2.4 包被液：取2.93 g碳酸氢钠（Na$_2$HCO$_3$）、1.59 g氯化钠（NaCl）、0.2 g叠氮化钠（NaN$_3$），用1000 mL蒸馏水溶解，并调pH值到9.6。

7.2.5 抗体稀释液：取2.5 g脱脂奶粉，加100 mL洗涤液溶解。

7.2.6 抗体：兔抗柑桔溃疡病菌抗体球蛋白。

7.2.7 酶标抗体：市售碱性磷酸酶标记的羊抗兔抗体球蛋白。

7.2.8 底物缓冲液：用80 mL灭菌蒸馏水将0.01 g氯化镁（MgCl$_2$·6H$_2$O）、0.02 g叠氮化钠（NaN$_3$）、9.7 mL二已醇胺（CH$_2$CH$_2$OH）溶解后，调pH值到9.8，定容到100 mL。

7.2.9 底物溶液：将5 mg对硝基苯磷酸盐（C$_6$H$_5$NO$_3$）溶解于5 mL底物缓冲液中。底物溶液制备需在孵育结束前10 min内，避光条件下制备。

7.2.10 终止液：将12 g氢氧化钠（NaOH），用100 mL蒸馏水溶解。

7.3 PCR检验试剂与材料

7.3.1 灭菌超纯水ddH$_2$O。

7.3.2 PCR缓冲液[×10]。

7.3.3 引物（primer）：

上游引物（XAcF）：5′-ACGAGAAAGAACTTCGCCCC-3′；

下游引物（XAcR）：5′-TCTGACCACATCGCATAGGA-3′；用双蒸水稀释至50 μmol/L。

7.3.4 dNTP [25mmol/L]。

7.3.5 MgCl$_2$ [25mmol/L]。

7.3.6 Tag酶 [5u/μL]。

7.3.7 Marker：100 bp DNA ladder（≤1500 bp）。

7.3.8 制样液：含0.3%亚硫酸钠（Na$_2$SO$_3$）的水溶液。

7.3.9 电泳缓冲液TBE [5×]：在1 L水中加入Tris碱54 g，硼酸27.5 g，

20 mL 0.5 mol/L EDTA（pH 8.0），使用时稀释为 1×TBE 工作液。

7.3.10　琼脂糖凝胶[2%]：在 1×TBE 工作液中加入 2% 的琼脂糖，融化后在每 100 mL 琼脂糖溶液中加入市售 5 μL DNA 荧光染料（Gold View），冷却至 60 ℃ 倒入插入梳子的制胶槽中，冷却凝固后点样电泳。

7.3.11　样品缓冲液 Loading Buffer。

8　方法

8.1　症状及病原形态鉴定

8.1.1　症状识别

在寄主植物特别是柑桔类植物生长期，按 GB/T 5040—2003 中第 5 章的要求，对苗圃和果园逐园、逐株进行田间症状目测踏查。按要求采集有典型症状和疑似症状的柑桔溃疡病样本进行室内检验鉴定。柑桔溃疡病典型症状参见附录 B。

调运检疫和市场检疫发现符合附录 B 描述典型症状和疑似症状的寄主样本，取样送实验室检验。

8.1.2　菌溢检查

切取具有典型症状和疑似症状病斑的病健交界处小块组织，平放在载玻片上的水滴中，加盖玻片在低倍显微镜下检查，观察有无菌溢现象。如果有菌溢出现，再进行革兰氏染色。

8.1.3　革兰氏染色

检查到菌的载玻片将植物组织移去，水滴干燥后通过火焰固定，再用革兰氏染色法染色，观察染色反应。

8.1.4　分离培养鉴定

田间或其他检疫过程中取回的具有柑桔溃疡病疑似症状的样品，在无菌条件下取病健交界处组织（2 mm～3 mm）×（2 mm～3 mm），经表面消毒后放入 0.2 mL 无菌水中，用灭菌玻璃棒捣碎，在室温下浸泡 5 min～10 min，将悬浮液在蔗糖蛋白胨培养基上划线，28 ℃ 培养 2 d～4 d，观察病原菌形态特征和培养特性，柑桔溃疡病菌形态特征和培养特性见附录 C。

8.1.5　致病性鉴定

将分离培养得到的纯培养菌株，用针刺涂抹法接种到健康的甜橙类柑桔新梢叶片上，在温度 28 ℃～30 ℃、相对湿度 95%～100% 的条件下培养 7 d～10 d，参见附录 B 观察发病症状。

8.2　间接ELISA检验

8.2.1　取样

疑似样品直接取样检验，无症样品田间取样方法见附录D。

8.2.2　程序

柑桔溃疡病菌间接ELISA检验程序见附录E。

8.3　PCR检验

8.3.1　取样

疑似样品直接取样检验，无症样品田间取样方法见附录D。

8.3.2　程序

柑桔溃疡病菌PCR检验程序见附录F。

9　结果判定

9.1　症状及病原形态鉴定

田间症状符合附录B描述的柑桔溃疡病典型症状特征，解剖镜检有菌溢现象，革兰氏染色呈阴性，病原菌为柑桔溃疡病菌。如不能确定，进一步进行分离培养，分离培养物形态特征和培养特性同附录C，致病性鉴定产生典型症状，病原菌为柑桔溃疡病菌。

9.2　间接ELISA检验

9.2.1　目测观察

在阳性对照反应孔为桔黄色、阴性对照反应孔无色的前提下，样品反应孔中三个重复均显示为黄色，样品为阳性，即带有柑桔溃疡病菌；样品反应孔没有颜色变化，样品为阴性，即不带柑桔溃疡病菌。

9.2.2　用酶标仪测定光密度值

在阴性对照反应孔的光密度值（OD）≤0.1、阳性对照反应孔OD值大于厂家设定阳性OD值的前提下，样品反应孔OD值大于阴性对照孔OD值的2倍，判定为阳性反应，即样品带柑桔溃疡病菌；否则判定为阴性，即样品不带柑桔溃疡病菌。

9.3　PCR检验

在阴性对照无扩增条带、阳性对照出现一条278 bp特异性条带的前提下，供试样品出现与阳性对照相同大小的特异性扩增条带，样品判定为阳性，即带有柑桔溃疡病菌；供试样品未出现与阳性对照相同大小特异性条带，样品判为阴性，即不带柑桔溃疡病菌。

10 结果报告

将实验室检验鉴定结果填入《植物有害生物样本鉴定报告》(见附录F)。

11 除害处理

检验过程中使用的有关试料和用具,在使用完毕后应进行消毒和除害处理;经检疫鉴定后的样品,应在-80 ℃至-20 ℃保存1个月,以备复验、谈判和仲裁,保存期满后,进行灭活处理。

附录A

柑桔溃疡病菌其他信息
（资料性附录）

A.1 分布

亚洲的阿富汗、孟加拉、印度、巴基斯坦、斯里兰卡、印度尼西亚、马来西亚、菲律宾、越南、缅甸、尼泊尔、老挝、柬埔寨、泰国、日本、韩国、朝鲜、马尔代夫、阿拉伯联合酋长国、也门；美洲的阿根廷、巴西、巴拉圭、乌拉圭、美国、墨西哥、伯利兹、多米尼加、海地、马提尼克、瓜德罗普；非洲的加蓬、马达加斯加、科摩罗、科特迪瓦、毛里求斯、莫桑比克、留尼汪；大洋洲的巴布亚新几内亚、斐济、关岛、马里亚纳群岛、密克罗尼西亚群岛等国家和地区均有分布，尤以亚洲国家发病最为普遍。

A.2 寄主植物

该病菌主要侵染芸香科野生的和栽培植物。在经济上造成经济损失最大的是柑桔。自然侵染主要发生在柑桔属植物上，也发生在金桔上。

A.3 危害情况

柑桔溃疡病是柑桔重要病害之一，为国内外检疫对象。可危害叶片、枝叶和果实，苗圃发病，苗木生长不良，素质低下，出圃延迟；成年结果树发病，常引起大量落叶、落果，甚至枯梢，降低树势；未脱落的轻病果形成木栓化开裂的病斑，严重影响果品的外观和品质，降低了商品价值。

附录B

柑桔溃疡病及柑桔疮痂病症状特征
（资料性附录）

B.1　柑桔溃疡病

B.1.1　叶片症状

病斑初时针头大、黄白色、油渍状、扩大后叶的正反面都隆起、破裂，呈海绵状，灰白色，后病部木栓化，表面粗糙，呈灰褐色火山口状开裂。病斑多近圆形，周围大多有黄色晕圈和釉圈，老叶病斑黄色晕圈不明显。

B.1.2　枝条症状

病斑近圆形或椭圆形，黄褐色，表面粗糙、隆起、无黄色晕环，几个病斑常可以愈合成片。干燥情况下，溃疡病斑海绵状、木栓化、隆起、表面破裂；潮湿时溃疡迅速扩大，表面完整，边缘油渍状。抗性品种在病健交界处形成愈伤组织层，通过用刀切去外部软木塞状物质而留下粗糙表面。在略绿色健康组织里可见明亮至暗褐色病斑，变色区大小、形状、深浅均有变化。

B.1.3　果实症状

病斑与叶片上的相似，但火山口状开裂更显著，木栓化程度更高，坚硬粗糙，幼果期有时可见黄色晕圈，病部只限于果皮上，很少发展到果肉。果实生育前期发生的病斑多隆起，中、后期发生的则较扁平。

B.2　柑桔疮痂病

受害叶片仅一面出现隆起的近圆锥形病斑，另一面凹陷。病斑较多时，叶片扭曲畸形。病斑周围仅有黄色晕圈而无釉圈。果实受害后常长出许多散生或群生的瘤状突起，疮痂易脱落。

附录C

柑桔溃疡病菌形态特征和培养性状
（规范性附录）

C.1 形态特征

菌体短杆状，两端钝圆，大小为（1.5 μm～2.0 μm）×（0.5 μm～0.7 μm），极生单鞭毛，有荚膜，无芽孢，革兰氏染色阴性，好气。

C.2 培养特性

病菌生长适温为25 ℃～30 ℃，最低为5 ℃～10 ℃，最高为35 ℃～38 ℃，致死温度为55 ℃～60 ℃ 10 min。在蔗糖蛋白胨培养基（PSA）上，菌落初呈淡黄色，圆形，全缘隆起，表面光滑，周围有黏稠状白色环带，在牛肉汁蛋白胨培养基上，菌落圆形，蜜黄色，全缘，有光泽，表面稍隆起，黏稠状。

附录 D

柑桔溃疡病菌间接 ELISA 及 PCR 检验取样方法
（规范性附录）

D.1　取样方法

采取五点取样法，采摘嫩叶片，每株分东南西北四个方位采集。将采集的标样按取样点分别装入纸袋内，并用图标记每个样点的位置，为避免交叉感染，取样人在完成每个样点的取样后应将手和取样工具进行消毒。

D.2　取样数量

每 20 张叶片为 1 个样品。

D.2.1　成年树

面积在 3000 m² 以内的果园，每 600 m² 抽取 3 个样品；面积在 3000 m²～12000 m² 以内的果园，每 600 m² 抽取 2 个样品；面积在 12000 m² 以上的果园，每 600 m² 抽取 1 个样品。

D.2.2　种苗

面积在 600 m² 以内的苗圃，抽取 3 个样品；面积在 600 m² 以上的苗圃，每 600 m² 抽取 2 个样品。

D.3　样品存放

采集的样品在 2 ℃～8 ℃ 条件下保存应不超过 1 周，若需长期保存，应置于 -70 ℃ 以下，冻融不超过 2 次。

附录E

柑桔溃疡病菌间接ELISA检验程序
（规范性附录）

E.1　制样

E.1.1　植物样品

将供试样品剪成 3 cm² 小片，装在小塑料袋中，按照供试样品质量（g）：样品提取液体积（mL）=1∶6的比例加入样品提取液，用试管底部轻压叶片，静置浸泡 5 min。取 1 mL 样品浸出液于离心管中，10000 r/min 离心 2 min，弃上清液。用样品提取液 1 mL 悬浮沉淀，经 10000 r/min 离心 2 min，弃上清液；重复3次。

E.1.2　病原菌分离物

用接种环挑取一环病原菌菌液，加入 1 mL 样品提取液中混匀，经 10000 r/min 离心 2 min，弃上清液；重复3次。

E.2　包被

E.2.1　加样

在制备好的样品中每管加入 200 μL 包被液混合均匀，取 100 μL 加入酶联板各反应孔中，每个样品设3次重复。设置阳性对照、柑桔健康组织浸泡液和包被缓冲液为阴性对照。

E.2.2　封闭

将酶联板置于 37 ℃ 的恒温箱中至酶联板反应孔中的样品完全干燥。在每个反应孔中加入 200 μL 封闭液，置于密封且可保湿的容器中，25 ℃ 恒温孵育 30 min。

E.2.3　洗板

将反应孔中的液体倒出，用洗涤液加满每个反应孔，静置 1 min～2 min 后，将洗涤液倾出，重复洗涤2次。洗板完成后将酶联板倒置于干净吸水纸上，吸干反应孔中的水分。

E.3　结合抗体

E.3.1　加抗体

每孔加入100 μL用抗体稀释液按市售产品要求进行稀释的抗体，置于保湿容器中，25 ℃孵育1 h。

E.3.2　洗板

在每个反应孔加入洗涤液，倒出，再加入洗涤液，静置3 min后将洗涤液倒出，再重复2次。洗板完成后将酶联板倒置于干净吸水纸上，吸干反应孔中的水分。

E.4　结合酶标抗体

E.4.1　加酶标抗体

每孔加入100 μL用抗体稀释液按市售产品要求进行稀释的酶标抗体，孵育方法同E.3.1。

E.4.2　洗板

同E.3.2。

E.5　显色

每孔加入100 μL底物溶液。25 ℃避光孵育30 min～60 min，至阳性对照显色。

E.6　终止反应

显色后在每孔中加入50 μL终止液。

E.7　结果记录

E.7.1　目测观察

反应孔无颜色变化为阴性，记录为"－"；反应孔黄色为阳性反应，记录为"＋"，依色泽的逐渐加深记录为"＋＋"和"＋＋＋"。

E.7.2　用酶标仪测定光密度值

在405 nm波长下，测定和记录反应孔OD值。

附录F

柑桔溃疡病菌PCR检验程序
（规范性附录）

F.1　制样

F.1.1　无症样品

取无症叶片样品10～20片，放入自封式塑料袋中，加入制样液振荡混匀后，置于25 ℃～28 ℃摇床上振荡培养3 h，吸取浸泡液2 mL，经8000 r/min离心5 min，弃去上清液，以试管底部约200 μL残存液，振荡混匀后作为待测模板。

F.1.2　疑似样品

将可疑病斑1～2个浸入0.2 mL制样液中，用灭菌尖头捣碎后，室温浸泡15 min，静置上清液直接作为待测模板，亦可按常规方法提取DNA后作为模板。

F.1.3　病原菌分离物

用接种环挑取少量纯培养菌株的菌悬浮液（约1×10^6 CFU/mL），在离心管中用0.5 mL制样液稀释混匀后作为待测模板。

F.2　PCR检测

F.2.1　检测体系

柑桔溃疡病PCR检测体系见表F.1，体系总体积25 μL/管。

表F.1　柑桔溃疡病菌PCR检测体系

检测试剂	终浓度	每管加入量（μL）
10×PCR缓冲液	1×	2.5
50 μmol/L引物对	0.25 μmol/L	0.125
25 mmol/L dNTPs	0.2 mmol/L	0.2
25 mmol/L MgCl$_2$	2 mmol/L	2
5 U/μL *Tag*酶	1 U/25 μL	1

续表F.1

检测试剂	终浓度	每管加入量(μL)
ddH$_2$O	–	17.075
模板DNA	–	2
总体积	–	25

F.2.2　PCR反应

依次将PCR缓冲液、引物对、dNTPs、MgCl$_2$、*Taq*酶、ddH$_2$O和待测模板按照表F.1体系浓度要求加入PCR反应管，混合均匀后放入PCR扩增仪。PCR反应程序为：95 ℃ 4 min（1个循环）；94 ℃ 30 s，58 ℃ 30 s，72 ℃ 30 s（35个循环）；72 ℃ 7 min，4 ℃下保存，每次检验时同时设阴性对照和阳性对照管。

F.3　电泳

取出反应管，将PCR产物8 μL与样品缓冲液2 μL混合，加入琼脂糖凝胶的点样孔中，同时设Marker作为片段大小标准。在1×TAE电泳缓冲液中、80 V电压下，电泳40 min。

F.4　凝胶成像观察与记录

取出琼脂糖凝胶放入凝胶成像系统观察，拍摄样品PCR扩增条带，记录观察结果，电子文档存档备查。

附录3

柑桔黄龙病菌实时荧光PCR检测方法

1 范围

本标准规定了柑桔黄龙病亚洲韧皮杆菌（*Candidatus* Liberibacter *asiaticus*）实时荧光PCR检测的样品制备、检测操作方法及结果判定标准。

本标准适用于对芸香科和非芸香科植物罹病植株和传播媒介柑桔木虱中黄龙病亚洲韧皮杆菌的检测和病害鉴定。

2 规范性引用文件

下列文件对于本文件的应用是必不可少的。凡是注日期的引用文件，仅注日期的版本适用于本文件。凡是不注日期的引用文件，其最新版本（包括所有的修改单）适用于本文件。

GB 5040 柑桔苗木产地检疫规程

GB/T 19495.2 转基因产品检测实验室技术要求

3 术语和定义

下列术语和定义适用于本文件。

3.1 柑桔黄龙病 Citrus Huanglongbing

一种由韧皮杆菌引起的植物检疫性病害。主要侵染柑桔属、金柑属和枳属等柑桔类植株。由带菌种苗远距离传播，田间主要由柑桔木虱取食传播。典型受害植株叶片斑驳不均匀黄化，枝梢黄化，果实畸形，种子败育，严重时可引起植株死亡。

3.2 实时荧光PCR real-time fluorescent PCR

实时荧光聚合酶链式反应，一种在体外扩增微量的特殊DNA片段的方法，在扩增过程中由于荧光物质的释放或荧光物质与扩增产物结合并被实时检测而能够快速、灵地检出模板DNA的存在。

3.3　扩增引物primer

人工合成的寡核苷酸序列，其序列与待扩增的目标DNA序列中的一段相同，用于引导DNA体外扩增。

3.4　扩增模板templet

DNA体外扩增中所用的待扩增的靶标序列。

3.5　Ct值cycle threshold value

实时荧光PCR反应中每个反应管内荧光信号达到设定阈值时所经历的循环数。

3.6　亚洲韧皮杆菌重组质粒DNA recombinant plasmid DNA

利用特异性引物扩增柑桔黄龙病亚洲韧皮杆菌基因组模板，获得的亚洲韧皮杆菌特异性DNA扩增序列，经构建重组质粒、转入大肠杆菌JM109菌株中繁殖培养后，重新提取获得的质粒DNA，用于作为柑桔黄龙病亚洲韧皮杆菌实时荧光PCR检测的阳性对照。

4　柑桔黄龙病菌基本信息

学名：亚洲韧皮杆菌 *Candidatus* Liberibacter asiaticus。

病害名称：柑桔黄龙病，常用英文名：Citrus Huanglongbing。

分类地位：a-肮细菌亚纲、根瘤细菌目（Rhizobiales），根瘤细菌科（Rhizobiaceae），韧皮杆菌属 *Liberibacter* 的G⁻细菌，是一种难培养细菌。

引起柑桔黄龙病的韧皮杆菌根据其核糖体基因序列的差异可以分为3种，即分布于非洲的柑桔黄龙病非洲韧皮杆菌 *Candidarus* Liberibacter africanus，分布于南美洲的柑桔黄龙病美洲韧皮杆菌 *Candidarus* Liberibacter americanus 和分布于亚洲及北美的柑桔黄龙病亚洲韧皮杆菌 *Candidatus* Liberibacter asiaticus Jagoueix et al。

柑桔黄龙病菌其他信息参见附录A。

本标准规定了对亚洲韧皮杆菌的检疫鉴定方法。对来自非洲的柑桔材料的检疫检验，可参见附录B检测柑桔黄龙病非洲韧皮杆菌；对来自美洲的柑桔材料，除利用本标准检测柑桔黄龙病亚洲韧皮杆菌外，可参见附录C检测柑桔黄龙病美洲韧皮杆菌。

5　方法原理

本标准采用的实时荧光PCR检测包括了荧光染料法和荧光探针法两种检测方

法，其原理是，利用病菌特有DNA序列设计引物，在PCR扩增时加入荧光染料，荧光染料与扩增形成的产物–DNA双链结合而发出荧光被检测器实时检测（荧光染料法），或在合成特异性引物的同时合成一条特异性的荧光双标记探针，探针5'端和3'端分别标记荧光素报告基团和淬灭基团，如果反应体系中存在待测目标DNA模板，引物和探针则与模板上的序列配对而特异性结合，当PCR扩增延伸到探针结合部位时，Taq DNA聚合酶将探针水解成单核苷酸，使标记在探针上的报告基团游离出来并发出荧光信号被检测器实时检测（荧光探针法），由于初始模板量的不同，反应管内的荧光物质达到设定的可检测阈值时所经历的Ct值不同，因此Ct值可以用于判定检测样品的初始菌量。

6　实验室设置

参照GB/T 19495.2。实验室应至少分为三个相对独立的工作区域：样本制备区、反应试剂配制区和检测区；每个工作区域应有明确标记，避免不同工作区域内的设备、物品混用。

7　主要仪器设备和试剂

7.1　仪器设备

7.1.1　实时荧光PCR仪。

7.1.2　高速台式离心机。

7.1.3　生物安全柜或超净工作台。

7.1.4　冰箱（冷藏室4℃和冷冻室–20℃）。

7.1.5　涡旋混匀仪。

7.1.6　紫外灭菌灯。

7.1.7　微量可调移液器（0.5 μL～10 μL、10 μL～100 μL、100 μL～1000 μL）。

7.1.8　带滤芯Tip头。

7.1.9　PCR反应管（0.2 mL八联管）。

7.1.10　微滤柱。

7.1.11　高压灭菌锅。

7.2　试剂

7.2.1　次氯酸钠（$NaClO_3$）。

7.2.2　十二烷基硫酸钠（SDS）。

7.2.3　蛋白酶K（Proteinase K）。

7.2.4　三羟甲基氨基甲烷（Tris）。

7.2.5 乙二胺四乙酸（EDTA）。

7.2.6 盐酸胍（Guanidinge HCl）。

7.2.7 无水乙醇（ethanol）。

7.2.8 实时荧光 PCR 混合试剂（Real-time PCR Master Mix）。

8 取样及样品处理

8.1 取样用具

8.1.1 样品袋：牛皮纸袋或信封（一次性使用）。

8.1.2 枝剪。

8.1.3 剪刀，镊子，打孔器。

8.1.4 研体。

8.1.5 塑料离心管（1.5 mL）。

8.1.2～8.1.5 的取（制）样用工具应经 121 ℃±2 ℃，15 min 高压蒸汽灭菌。田间采样每个样品采集后或实验室处理每个不同样品后，工具应用 70% 酒精棉球擦拭 2 次以上，以避免样品间相互污染。

8.2 取样方法

8.2.1 实地取样

产地检疫田间实地取样参照 GB 5040。

8.2.2 叶片样品

疑似病树按树冠东南西北四方采集，每点取中下部成熟叶片各 5 片，每棵树共采集叶片 20 张。

种苗抽取显现疑似症状植株或随机抽取植株（无症材料）10 株，每株取中下部成熟叶片 5 片，共 50 片。

接穗等繁殖材料按规程规定的比例抽取样品。

黄龙病病害症状及疑似症状详参见附录 D。

8.2.3 果实样品

幼果期采样，切取果柄和果蒂，每样品采集 4 份；商品鲜果每批果实随机抽取 10 个果实，切取果柄和果蒂。

8.2.4 传病媒介柑桔木虱

在柑桔新梢抽发期，每株树采集 1 头～10 头成虫，每园采集 50 头以上；口岸或调运种苗、接穗等材料中发现的木虱则直接收集。用 75% 乙醇浸泡固定 30 min，放入 1.5 mL 离心管封装。

样品采集后立即装入样品袋（木虱用 75% 乙醇杀死固定后装入微量离心管），

并按照要求填写采样记录，记载样品来源、样品品种，目测症状、采样人、采样地、采样时间等，及时送指定检测实验室。

8.3 样品贮运与保存

采集的植株样品按上面要求用样品袋分装，乙醇固定的柑桔木虱控干乙醇后用塑料离心管分装，与采集记录一并寄送指定实验室检测，检测后余下的植物材料可置于4 ℃条件下保存7 d，以备复测的需要，不需保存的样品应立即进行无害化灭菌处理以防止病害扩散。

8.4 样品DNA制备操作（在检测实验室样品制备区进行）

样品DNA制备在检测实验室样品制备区进行。制备好的DNA样本在4 ℃条件下保存应不超过7 d，在-20 ℃冻存不超过30 d，避免反复冻融。

样品DNA制备的具体操作过程见附录E。

9 PCR扩增

PCR扩增反应体系为25 μL，准备PCR扩增反应管，分别加入反应液23 μL，最后加入制备的待测样品DNA 2 μL。每个样品设置3次重复。每次PCR检测应设立相应的阳性对照、阴性对照和空白对照。

扩增过程中，设置在每次循环的延伸阶段采集荧光。

荧光染料法检测在扩增结束后立即进行熔解曲线分析，以验证扩增的特异性，熔解曲线的反应程序为：95 ℃，1 min；55 ℃，1 min；然后从55 ℃开始每升高0.5 ℃保持10 s，连续升高80次（到95 ℃为止）。

检测结束后，根据采集的荧光曲线和Ct值判定结果。

PCR扩增的准备及扩增具体操作过程见附录F（使用不同PCR仪具体扩增程序参数可能稍有调整）。

推荐使用柑桔黄龙病菌亚洲种实时荧光PCR检测试剂盒。试剂盒组成、功能及使用注意事项参见附录G。

10 结果判定与表述

10.1 结果分析条件设定

直接读取检测结果，检测值设定应根据仪器噪声情况进行调整，以阈值线刚好超过正常阴性样品扩增曲线的最高点为准。

10.2 质控标准

10.2.1 阴性对照及空白对照应无Ct值并且无扩增曲线。否则，此次检测视为无效。

10.2.2 阳性对照的Ct值应<28.0，并出现典型的扩增曲线。否则，此次检测视为无效。

10.3 结果判定

10.3.1 阴性反应

测试样品检测Ct值≥40或者无Ct值并且无扩增曲线，且阴性对照、阳性对照、空白对照结果正常，判定该样品为阴性，表示该样品中不带可检出的柑桔黄龙病亚洲韧皮杆菌。

10.3.2 阳性反应

荧光探针法检测时，样品Ct值≤35，出现典型的扩增曲线，且阴性对照、阳性对照、空白对照结果正常，判定该样品为阳性，表示该样品中存在柑桔黄龙病亚洲韧皮杆菌。

荧光染料法检测时，Ct值≤35，出现典型的扩增曲线，且阴性对照、阳性对照、空白对照结果正常；熔解曲线为单峰，并且熔解曲线与预期目标扩增产物熔解曲线一致，或熔解曲线出现双峰，其中一个峰为引物二聚体，另一个峰的熔解曲线与预期目标产物熔解曲线一致，则判定该样品为阳性，表示该样品中存在柑桔黄龙病亚洲韧皮杆菌。

10.3.3 特殊情况

实时荧光PCR检测样品Ct值大于35的样品但小于40，建议用同一样品模板量加倍（相应减少加入灭菌超纯水量）进行实时荧光PCR复测，复测的结果按上述判定标准判定是否带柑桔黄龙病菌；如果Ct值仍大于35，判定为阴性。

附录A

柑桔黄龙病菌其他信息
（资料性附录）

A.1　寄主及分布

主要分布在亚洲地区的印度、日本、菲律宾等东南亚国家以及中国的部分地区，寄主为柑桔类植物，柑桔属、金柑属和枳属植物受害严重。也可低度浸染芸香科的九里香、黄皮，特殊情况下也可侵染长春花等非芸香科植物。

A.2　传播方式

带菌种苗、接穗及其上附着的传播媒介昆虫柑桔木虱（*Diaphorina citri Kuwayamd*）是远距离传播的主要途径，田间则主要由柑桔木虱取食传播以及嫁接传播。

附录B

柑桔黄龙病非洲韧皮杆菌常规PCR检测
（Hocquellet，1999）
（资料性附录）

B.1　采样及样品制备

同柑桔黄龙病亚洲韧皮杆菌PCR检测。

B.2　PCR扩增

B.2.1　引物名称及序列

Laf A2：5′-TATAAAGGTTGACCTTTCGAGTTT-3′

Laf J5：5′-ACAAAAGCAGAAATAGCACGAACAA-3′

B.2.2　PCR反应体系

PCR反应体积为每管25 μL。25 μL的反应体系中含有终浓度为1×PCR缓冲液、1 μmol/L引物对 Laf A2/Laf J5（序列见B.2.1）以及适量模板进行PCR扩增。预期扩增片段大小为669 bp。

B.2.3　PCR反应程序

预变性94 ℃/5 min；然后92 ℃变性20 s，62 ℃退火20 s，72 ℃延伸45 s共35个循环；72 ℃延伸7 min，4 ℃保温，PCR扩增结束后，以2%的琼脂糖凝胶电泳，然后通过紫外成像系统成像，保存成像图片作为结果判定依据。

B.3　结果判定与描述

B.3.1　质控标准

扩增结果经电泳在阴性对照和空白对照泳道无扩增条带，阳性对照泳道有669 bp大小的预期片段，结果视为有效。否则检测无效，应重新进行检测。

B.3.2　阴性反应

在电泳图片中样品泳道不出现669 bp大小的预期扩增片段，阴性对照，阳性对照和空白对照正常，判定为阴性，表示样品中无可检出的柑桔黄龙病非洲韧皮杆菌。

B.3.3 阳性反应

在电泳图片中样品泳道有 669 bp 大小的预期扩增片段，阴性对照、阳性对照和空白对照正常，判定为阳性，表示样品中存在柑桔黄龙病非洲韧皮杆菌。

附录C

柑桔黄龙病美洲韧皮杆菌实时荧光PCR检测
（资料性附录）

C.1　采样及样品制备

同柑桔黄龙病亚洲韧皮杆菌实时荧光PCR检测。

C.2　PCR扩增

C.2.1　引物和探针〔依据美洲韧皮杆菌16S rRNA基因特异序列设计的引物对及探针）

C.2.1.1 引物名称及序列

HLBLamF：5′-GAGCGAGTACGCAAGTACTAG-3′

HLBLamR：5′-GCGTTATCCCGTAGAAAAAGGTAG-3′

C.2.1.2　探针名称及序列

HLB LamP：5′-FAM/AGACGGGTGAGTAACGCG/BHQ-3′

C.2.2　PCR反应体系

PCR反应体积为每管25 μL。25 μL的反应体系中含有终浓度为1×PCR Master Mix，0.6 μmol/L引物对 HLBLam F/HLBLam R、探针 HLBLam P 0.3 μmol/L以及适量模板。

C.2.3　PCR反应程序

预变性95 ℃/20 s；然后95 ℃变性1 s，58 ℃退火40 s，共40个循环，仪器设置在每个循环的退火延伸阶段自动采集荧光。验证检测结束后，根据采集的荧光曲线和Ct值判定结果。

C.3　结果判定

C.3.1　结果分析条件设定

直接读取检测结果。阈值设定原则根据仪器噪声情况进行调整，以阈值线刚好超过正常阴性样品扩增曲线的最高点为准。

C.3.2 质控标准

C.3.2.1 阴性对照和空白对照无Ct值并且无扩增曲线。检测结果有效，否则此次实验视为无效。

C.3.2.2 阳性对照的Ct值<28，并出现典型的扩增曲线。否则，此次实验视为无效。

C.3.3 结果判定及描述

C.3.3.1 阴性反应

样品无Ct值并且无扩增曲线，且阳性对照、阴性对照和空白对照结果正常，判定为阴性，表示样品中无可检出的柑桔黄龙病美洲韧皮杆菌（*Candidatus Liberibacter americanus*，Lam）。

C.3.3.2 阳性反应

Ct值≤35，并出现典型的扩增曲线，且阳性对照、阴性对照和空白对照结果正常，判定为阳性，表示样品中存在柑桔黄龙病美洲韧皮杆菌（*Candidatus Liberibacter americanus*，Lam）。

C.3.3.3 其他情况

若实时荧光PCR检测的Ct值大于35，建议同一样品加大样品量（加倍）重新进行荧光PCR。复测的结果按上述标准判定，若Ct值仍大于35，判定为阴性。

附录D

柑桔黄龙病的症状鉴定
（资料性附录）

D.1 柑桔黄龙病症状

D.1.1 叶片症状（图D.1）

当年抽生的春梢叶片转绿后，沿叶脉附近、叶片基部或边缘不均匀的黄化，形成黄绿相间的斑驳症状。而柑桔叶片缺锌、缺锰症状的黄化沿叶脉间均匀分布。

图D.1　柑桔黄龙病叶片初期斑驳症状

D.1.2 枝梢症状（图D.2）

夏秋梢：5月～8月抽生的夏梢与8月～10月抽生的秋梢症状表现基本相同，病梢一般出现在树冠顶部，多数仅1梢～2梢或少数几梢出现。感病的夏秋梢在叶片老熟过程中往往叶脉先变黄，随后叶肉由淡黄绿变成黄色，均匀黄化，形成黄梢。当年感病的黄梢落叶成秃枝，翌年春季重新萌发的新梢短而纤弱，叶片窄小。

图D.2　柑桔树冠黄梢症状

D.1.3　果实症状（图D.3，图D.4）

柑桔病果外形变小、畸形，果内维管呈黄褐色（正常果实维管束为绿白色），种子变褐败育，有的品种病果可以形成下部青色，上部橙红色的"红鼻果"。

图D.3　柑桔黄龙病芦柑"红鼻果"病果

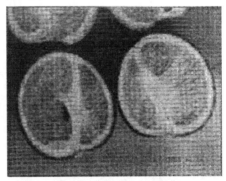

图D.4　柑桔黄龙病病果剖面不对称症状

D.2　柑桔黄龙病鉴定步骤

D.2.1　通过症状鉴定

D.2.1.1　叶片斑驳：首先观察中脉基部及叶脉附近是否有不均匀分布的黄化病斑，再看叶缘是否有黄化病斑。黄龙病所致黄化病斑呈浅黄色，与周围绿色叶肉分界不如缺锌症状明显，而缺锰引起的黄化通常分布均匀。

D.2.1.2　树冠黄梢：病树上部个别枝梢叶片黄化，叶脉变黄，叶片发脆。若天牛为害则枝梢叶片中脉均匀黄化或全树黄化。

D.2.1.3　果实畸形：病树果实畸形、变小，歪斜，果皮内维管黄褐色（健果维管束绿白色），果实种子败育。

D.2.2　通过柑桔木虱鉴定

柑桔木虱为同翅目的木虱科昆虫，传播亚洲韧皮部杆菌的为亚洲柑桔木虱，传播非洲柑桔韧皮部杆菌的为非洲二点木虱（柑桔木虱见图D.5）。

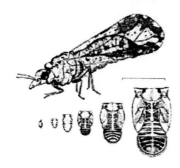
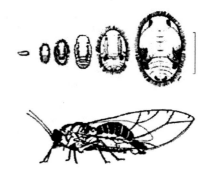

　　a）亚洲柑桔木虱　　　　　　　　　　　　　　b）非洲二点木虱

A—卵；B—若虫；C—成虫。

图D.5　柑桔木虱

柑桔木虱虫吸食嫩梢状见图D.6，柑桔木虱若虫取食及分泌蜜露见图D.7。

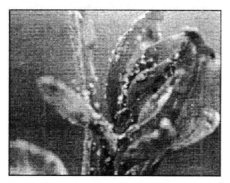

图D.6　柑桔木虱成虫吸食嫩梢状　　　　图D.7　柑桔木虱若虫取食及分泌蜜露

附录E

样品处理试剂配制及样品DNA提取
（规范性附录）

E.1 样品处理试剂配制

除非特殊说明，本标准所有样品制备试剂均用无菌容器分装，常温保存备用。

E.1.1 TES缓冲液（pH 8.0）

10 mmol/L Tris-HCl，1 mmol/L EDTA，1%SDS，121 ℃高压灭菌20 min。

E.1.2 TE缓冲液（pH 8.0）

10 mmol/L Tris-HCl，1 mmol/L EDTA，121 ℃高压灭菌20 min。

E.1.3 蛋白质变性剂

7 mol/L Guanidinge HCl（盐酸胍）。

E.1.4 10 mg/mL 蛋白醇K，−20 ℃冰箱保存。

E.2 样品DNA提取

E.2.1 工作台及操作者消毒灭菌

样品处理在超净工作台或生物安全柜中进行；工作台和操作者双手应消毒灭菌。

E.2.2 待测柑桔组织样品或柑桔木虱DNA制备

E.2.2.1 将柑桔叶片或果实用清水洗净，吸水纸擦干，撕取叶片中脉或果柄、果蒂，放于研钵中，加入液氮研成粉末，或直接用剪刀剪碎（每一样品处理换干净研钵，剪刀用后以医用酒精擦拭并用火焰灼烧防止交叉污染），取约200 mg碎屑装入1.5 mL离心管中；或取柑桔木虱5头，装入1.5 mL离心管中，用Tip头尖捣碎。

E.2.2.2 离心管中加入800 μL TES缓冲液65 ℃水浴中预热10 min和10 μL的蛋白酶K液（10 μg/μL），混合均匀后置于65 ℃水浴1 h，其间振荡2次。

E.2.2.3 吸取上清液转入1.5 mL离心管，按照1∶2的比例加入蛋白质变性剂，混合均匀后，在室温下放置10 min。

E.2.2.4　10000 r/min离心10 min后，吸取上清液加入微滤柱中，10000 r/min离心1 min，弃滤过液。

E.2.2.5　向微滤柱中加入75%乙醇750 μL，10000 r/min离心洗涤1 min，弃滤过液，如微滤柱滤膜上有黄褐色沉淀，应再加75%乙醇重复洗涤直到洗去黄褐色沉淀。

E.2.2.6　10000 r/min离心1 min以除去残余乙醇。

E2.2.7　向柱中加入50 μL TE缓冲液，10000 r/min离心1 min，收集洗脱液约40 μL，即为后续PCR步骤中的待测样品模板。

E.2.3　阳性对照

按照上述方法提取确诊的柑桔黄龙病典型斑驳叶片中脉DNA或以浓度为0.44 pg/μL的病菌特异DNA序列无害化重组质粒DNA作为阳性对照（推荐）。

E.2.4　阴性对照

按照上述方法提取健康的柑桔成熟叶片中脉DNA作为阴性对照。

附录F

检测试剂配制及实时荧光PCR检测
（规范性附录）

F.1　扩增试剂配制（在反应试剂配制区进行）

F.1.1　用无菌超纯水配制 25 μmol/L 亚洲韧皮杆菌特异性引物对 CQULas F 03/CQULas R 03 母液（用于荧光染料法，引物序列为 5′-CA AGGAAA GAGCG TAG A A-3′/5′-CCTCAAGATCGGGTAAAG-3′，扩增柑桔黄龙病菌亚洲种 *rplJ/r plL* 特异基因序列片段为 382 bp）。

F.1.2　以无菌超纯水配制 25 μmol/L 亚洲韧皮杆菌特异性引物对 CQULas F 04/CQU LasF 04 母液（用于荧光探针法，序列为 5′-TGGAGGTGTAAAAGTTGC-CAAA-3′/5′-CCAACGAAAAGATCAGATA TTCC TCTA-3′，扩增柑桔黄龙病亚洲韧皮杆菌 *rplJ/rplL* 特异基因靶序列片段为 87 bp）。

F.1.3　以无菌超纯水配制 25 μmol/L 荧光标记探针 CQULasP1 母液（序列为 5′-ATCGTCTCGTCAAGATTGCTATCCGTGATACTAG-3′）。

F.2　加样（在反应试剂配制区进行）

F.2.1　方法1　试剂盒方法（推荐方法）

从固相化试剂盒中取出 0.2 mL PCR 固相化试剂检测管，管中分别加入 23 μL 样品恢复液，再在不同管中分别加入 2 μL 待测样品 DNA 液、阳性对照、阴性对照、空白对照（灭菌超纯水），盖紧管盖，转移至 PCR 反应区。

F.2.2　方法2　自配试剂方法

F.2.2.1　荧光染料法（反应体系为 25 μL）

F.2.2.1.1　加入引物对 CQULas F 03/CQULas R 03 母液到实时荧光 PCR Master Mix 中，加入适量灭菌超纯水，使反应液中引物终浓度为各 0.3 μmol/L，1×PCR Master Mix，振荡混匀。

F.2.2.1.2　取 0.2 mL PCR 反应管，编号后每管中加入 23 μL 上步所配反应液。

F.2.2.1.3　反应管中分别加入待测样品 DNA 液 2 μL/每管；以新鲜制备的阴性对照、阳性对照和空白对照 2 μL/每管代替待测样品设置对照，盖紧试管萱，3000 r/min 瞬时离心，以混匀并去除气泡。

F.2.2.1.4　转移至 PCR 检测区。

F.2.2.2　荧光探针法（反应体系为25 μL）

F.2.2.2.1　在避光条件下加入引物母液CQULas F 04/CQULas R 04和荧光标记探针CQULas P1母液到实时荧光PCR Master Mix中，加入适量灭菌超纯水，使反应液中引物对终浓度为各0.3 μmol/L，探针浓度为0.3 μmol/L，1×PCR Master Mix，振荡混匀。

F.2.2.2.2　取0.2 mL PCR反应管，编号后每管中加入23 μL上步所配反应液。

F.2.2.2.3　分别加入待测样品DNA液2 μL/每管；以新鲜制备的阴性对照、阳性对照和空白对瓶（灭菌超纯水）2 μL/每管代替待测模板设置对照，盖紧试管盖，3000 r/min瞬时离心，以混匀并去除气泡。

F.2.2.2.4　转移至PCR检测区。

F.3　实时荧光PCR检测（在检测区进行）

设置好各反应管在实时荧光PCR仪上的孔位并做好标记记录，按照预设孔位将各检测样品及对照放入荧光PCR仪内进行PCR扩增。

F.3.1　荧光染料法PCR扩增

F.3.1.1　扩增程序

在iCycler™（Bio-Rad，USA）实时荧光PCR仪上进行的扩增程序为（其他型号PCR仪扩增程序参数可能稍有变化）：

——94 ℃预变性5 min；

——95 ℃变性55 s，然后59 ℃退火15 s，72 ℃延伸45 s，共40个循环；设置在每个循环的延伸阶段自动采集荧光；

——末次延伸72 ℃，7 min。

F.3.1.2　熔解曲线分析

PCR扩增结束后立即进行熔解曲线分析，以验证扩增的特异性。熔解曲线的反应程序为：95 ℃，1 min；55 ℃，1 min；然后从55 ℃开始每升高0.5 ℃保持10 s，连续升高80次（到95 ℃为止）。

验证检测结束后，设备自动记录并生成报告，根据采集的荧光曲线和Ct值判定结果。

F.3.2　荧光探针法扩增程序

在iCycler™（Bio-Rad，USA）实时荧光PCR仪上进行的扩增程序为（其他型号PCR仪扩增程序参数可能稍有变化）：

——预扩增95 ℃，1 min；

——95 ℃，15 s，59 ℃，15 s，72 ℃，45 s，40个循环；在每个循环延伸阶段（72 ℃）同步采集荧光；

——末次延伸72 ℃，7 min。

检测结束后，根据采集的荧光曲线和Cr值判定结果。

附录G

柑桔黄龙病菌亚洲种实时荧光PCR检测
试剂盒组成及使用说明
（资料性附录）

G.1 试剂盒组成

每个试剂盒可做48个检测，包括以下成分：

样品制备液 I	50 mL×1瓶
样品制备液 II	10 mL×5管
样品制备液 III	20 mL×1瓶
阴性对照（健康柑桔叶片DNA）	100 ng/管×2管
阳性对照（柑桔黄龙病菌亚洲种重组质粒DNA）	100 ng/管×2管
固相化试剂检测管	八联管×6条
恢复液	10 mL×5管

G.2 试剂盒说明

G.2.1 样品制备液I：主要成分为三羟甲基氨基甲烷（Tris）、乙二胺四乙酸（EDTA）和十二烷基磺酸钠（SDS），外观为无色液体，常温保存时可能有絮状沉淀，使用前应在65℃下水浴加热溶解沉淀。使用前按说明书要求加入蛋白酶K水溶液。

G.2.2 制备液III第一次使用时应按包装上注明的剂量加入无水乙醇，然后常温密闭保存备用，可保存2个月。

G.2.3 恢复液用于溶解荧光PCR固相化混合试剂。

G.2.4 用于荧光染料法检测的固相试剂检测管中包含除待测样品DNA外的所有PCR扩增反应试剂及荧光染料，用于荧光探针检测的固相化试剂检测管中包含除待测模板DNA外的所有PCR反应试剂及荧光探针。

G.3　功能

所列试剂盒可用于柑桔黄龙病叶片和果实等组织样品中柑桔黄龙病菌亚洲种的实时荧光PCR检测和病害鉴定，若需检测样品带菌量，则样品和阳性对照都需要定量，具体操作按使用说明进行。

G.4　试剂盒使用注意事项

G.4.1　发生褐变的柑桔组织材料不可用作PCR检测的样品。

G.4.2　在检测过程中，应严防不同样品间的交叉污染，所有用具应彻底清洗并消毒。移液器头尖应一次性使用，并且转移每个样品时都应更换。

G.4.3　全部检测过程可在室温（23℃）下进行。试剂盒可以在室温条件下置于干燥器内密封保存，使用时取出所需数量，剩余部分立即放回干燥器中。

附录4

松材线虫分子检测鉴定技术规程

1 范围

本标准规定了松材线虫分子检测鉴定的技术规程。

本标准适用于进出境植物检疫、国内植物检疫以及林业有害生物调查中松材线虫及其寄主植物和制品携带松材线虫的分子检测鉴定工作。

2 术语和定义

下列术语和定义适用于本文件。

2.1 松材线虫 pine wood nematode [*Bursa phelenchus xylophilus* (Steiner et Buhrer) Nickle]

一种无脊椎动物，属线虫门（Nemata）、侧尾腺口纲（Secernentea）、滑刃目（Aphelenchida）、滑刃总科（Aphelenchoidoidea）、滑刃科（Aphelenchoididae）、伞滑刃亚科（Bursa phelenchinae）、伞滑刃属（*Bursa phelenchus*）的植物寄生线虫。

2.2 松材线虫病 pine wilt disease caused by pinewood nematode

又名松树萎蔫病，是由松材线虫寄生在松树体内所引起的一种松树毁灭性森林病害。

2.3 分子检测 molecular detection

以功能基因、核糖体ITS等区域为靶标，采用分子生物学的方法在基因水平上对物种进行鉴定。

2.4 寄主植物及其制品 pinewood and wood products

松材线虫寄主植物及其原木、锯材和用于承载、包装、铺垫、支撑、加固货物的木质材料，如木板箱、木条箱、木托盘、木框、木桶、木轴、木楔、垫木、枕木和衬木等。经人工合成或经加热、加压等深度加工的包装木质材料，如胶合板、纤维板等除外。

2.5　引物 primer

一段短核苷酸序列。其功能是作为核苷酸聚合作用的起始点，在聚合反应时，引导合成一条与模板互补的 DNA 的序列。

2.6　TaqMan 探针 TaqMan probe

一段寡核苷酸序列，两端分别标记一个报告荧光基团和一个淬灭荧光基团。探针完整时，报告基团发射的荧光信号被淬灭基团吸收；PCR 扩增时，Taq 酶的 5′-3′外切酶活性将探针酶切降解，使报告荧光基团和淬灭荧光基团分离，从而荧光监测系统可接收到荧光信号，即每扩增一条 DNA 链，就有一个荧光分子形成，荧光信号与扩增的拷贝数具有一一对应的关系。

2.7　循环阈值 Cycle threshold value

循环阈值（Ct值）的含义是指在 PCR 扩增过程中，荧光信号开始由本底进入指数增长阶段的拐点所对应的循环次数。Ct 值是实时荧光 PCR 检测结果判读的依据。

2.8　聚合酶链式反应 polymerase chain reaction；PCR

在 DNA 聚合酶催化下，以母链 DNA 为模板，以特定引物为延伸起点，通过变性、退火、延伸等步骤，体外复制出与母链模板 DNA 互补的子链 DNA 的过程。是一项 DNA 体外合成放大技术，能快速特异地在体外扩增目的 DNA 片段。

2.9　实时荧光 PCR real-time PCR

PCR 反应时，加入一对特异引物与荧光探针。利用荧光信号的变化实时检测 PCR 扩增反应中每个循环扩增产物量的变化，通过对 Ct 值和标准曲线的分析从而对起始模板进行定量分析。

2.10　交叉引物恒温扩增技术 crossing priming amplification；CPA

一种新的核酸恒温扩增技术。针对目的基因设计特异性引物（包括扩增引物和交叉引物），利用具有链置换功能的 Bst DNA 聚合酶，在等温条件下高效、快速、高特异地扩增靶序列。

2.11　反应体系 reaction volumes

一个 PCR 反应的总体积（μL）以及所包含的各种反应成分的浓度。包含 10×扩增缓冲液、4 种 dNTP 混合物、引物、模板 DNA、Taq DNA 聚合酶、Mg^{2+}、双蒸水等，实时荧光定量 PCR 还包含探针的浓度。

2.12　反应程序 reaction procedures

PCR 反应过程中，变性、退火（复性）、延伸三个基本反应步骤、循环开始前的预变性、循环结束后的延伸等各个反应步骤需要的温度以及在该温度条件下所持续的时间，还包含循环的数量。

2.13 特征条带 characterized band

采用分子检测技术对物种进行检测鉴定时，因所用引物为该物种特异性引物而扩增出的物种特有的 DNA 片段。

2.14 阳性对照 positive control

试验的一个控制处理，用于检验试验本身的正确与否。即在用分子生物学技术手段对物种进行检测鉴定时，一个试验处理的模板为该物种的 DNA。

2.15 阴性对照 negative control

试验的一个控制处理，用于检验试验本身的正确与否。即在用分子生物学技术手段对物种进行检测鉴定时，一个试验处理的模板用无菌水替代。

2.16 结果判读 results judgement

对分子检测方法所获得结果的判断。交叉引物恒温扩增检测方法的判读依据是扩增产物中是否含有特征条带，实时荧光 PCR 检测方法的判读是根据反应结束后 Ct 值的有无以及大小综合判别。

3 检测鉴定对象

疑似松材线虫，或疑似带有松材线虫及其传播媒介昆虫活体的寄主植物（参见附录 A）及其制品。

4 检测鉴定对象的取样与制备

4.1 以线虫分离物为分子检测对象的样本制备

4.1.1 线虫分离方法

4.1.1.1 贝尔曼漏斗法

贝尔曼漏斗法分离线虫，参见 B.1。

4.1.1.2 化学信息诱引检测管法

化学信息诱引检测管法收集线虫，参见 B.2。

4.1.1.3 高压水流分离法

高压水流分离法分离线虫，参见 B.3。

4.1.2 线虫的取样

将贝尔曼漏斗法或高压水流分离法分离获得的线虫虫悬液，自然沉淀 30 min 或以 1500 r/min 的转速离心 2 min，然后将移液器枪头插入离心管底部，吸取 20 μL 的线虫虫悬液，置于另一编号的 1.5 mL 的离心管，用于提取线虫的 DNA。化学信息诱引检测管法收集的线虫，可直接加入 20 μL 的灭菌双蒸水，用于提取线虫的 DNA。

4.1.3 线虫 DNA 提取

线虫 DNA 的提取方法参见附录 C。

4.1.4 阳性对照材料

以松材线虫的 DNA 作为检测的阳性对照材料。

4.1.5 阴性对照材料

以 dd H_2O 作为检测的阴性对照材料。

4.2 以寄主植物及其制品为分子检测对象的样本制备

4.2.1 取样

采用电钻取样（电钻钻头直径一般选用 8mm～10mm）。对每份送检寄主植物及其制品，用电钻钻取 3～5 个不同位置的碎木屑，混合。用于提取松木、疫木及其制品中所含线虫的 DNA。

4.2.2 寄主植物及其制品中线虫 DNA 提取

寄主植物及其制品中所含线虫的 DNA 提取方法参见附录 D。

4.2.3 阳性对照材料

以松材线虫的 DNA 作为检测的阳性对照材料。

4.2.4 阴性对照材料

以健康寄主植物的 DNA 作为检测的阴性对照材料。

5 分子检测鉴定技术方法

5.1 实时荧光 PCR 检测

5.1.1 检测用主要仪器

实时荧光 PCR 仪、高速冷冻离心机。

5.1.2 引物与探针

采用实时荧光 PCR 技术检测松材线虫的正向引物序列为 5′-GAGCAGAAAC-GCCGACTT-3′，反向引物序列为 5′-CGTAAAACAGATGGTGCC TA-3′，TaqMan 探针序列为 5′-TGCACGTTGTGACAGTCGT-3′，探针 5′ 端标记发光基团为 6-car-boxyfluorescein（FAM），3′ 端标记的淬灭基团为 tetra-methyl-carboxy-rhodamine（TAMRA）。

5.1.3 反应体系

反应总体积 20 μL。包括 TaqMan 通用 PCR 预混液（TaqMan Universal PCR Master Mix）10 μL，10 μmol/L TaqMan 探针 1.0 μL，10 μmol/L 正向引物与反向引物各 0.5 μL，模板 DNA 1.0 μL，dd H_2O 7.0 μL。

5.1.4　反应程序

一般实时荧光PCR仪的检测程序为:

a) 在95 ℃下, 运行10 min;

b) 进入循环程序: 在95 ℃下, 运行15 s; 在60 ℃下, 运行35 s; 共35个循环。

5.1.5　结果判读

依据Ct值的有无及大小来判读检测样品中是否含有松材线虫。当检测样品的Ct值大于12, 且小于或等于30时, 即可肯定地判断检测样品中含有松材线虫; 当检测样品的Ct值大于35或无Ct值时, 即可判断检测样品中不含有松材线虫; 当检测样品的Ct值大于30, 小于或等于35时, 检测样品中可能出现假阳性, 应重新取样检测。

5.2　松材线虫自动化分子检测

5.2.1　检测用仪器

松材线虫自动化分子检测系统、高速冷冻离心机。

5.2.2　引物与探针

参见5.1.2。

5.2.3　反应体系

总体积10 μL, 包括TaqMan通用PCR预混液 (TaqMan Universal PCR Master Mix) 5 μL, 10 μmol/L TaqMan探针0.5 μL, 10 μmol/L正向引物与反向引物各0.5 μL, 模板DNA 3.5 μL。

5.2.4　反应程序

松材线虫自动化分子检测的反应程序选择仪器中的自动检测程序。

5.2.5　结果判读

松材线虫自动化分子检测系统采用自动程序判读检测结果 (参见附录E)。

5.3　交叉引物恒温扩增检测

5.3.1　检测用仪器

金属恒温浴或水浴锅、离心机、核酸防污染检测装置 (含松材线虫特异条带试纸)。

5.3.2　引物

采用恒温扩增技术检测松材线虫的引物有3对, 分别如下:

正向外围引物序列为5′-TCCTCACCTGGCTCTTCG-3′;

反向外围引物序列为5′-CTAAACTCCCCATCTCAGTC-3′;

正向交叉引物序列为5′-CGACGTCGCATGTAGCCG;

反向交叉引物序列为 5′-CGGTCTTTTCGGCCACACCA-CTGTGGTCGAGA-ACCGG；

正向 5′端 Biotin 标记探针序列为 5′-biotin-GTCTTTTCGGCCACACCA；

正向 5′端异硫氰酸荧光素（FitC）标记探针序列为 5′-FITC-GAGGC-GTTCACCAGTTGG。

5.3.3 反应体系

反应总体积 20 μL。其中，正向外围引物、反向外围引物各 0.1 μmol/L，正向交叉引物、反向交叉引物各 0.2 μmol/L，正向探针、反向探针各 0.3 μmol/L，$MgSO_4$ 3 mmol/L，dNTPs 0.4 mmol/L，*Bst* DNA 聚合酶 10 U，10×Thermol buffer 2 μL，模板 DNA 4 μL。

5.3.4 反应程序

63 ℃进行扩增，反应 60 min。

5.3.5 结果判读

将反应后的 PCR 管放置到专用的核酸防污染检测装置中进行检测，15 min 后判读结果。当试纸条的检测线上呈阳性时（参见附录 F），检测样本中含有松材线虫。

5.4 分子检测方法的选用

依据检测设备的配置情况采用相应的分子检测方法。

6 样品保存

送检样品如为寄主植物及其制品，在取样进行分子检测后，剩余样品可放置 4 ℃保存（至少 6 个月），以备复检；样品如为线虫虫体，在取样分子检测后，剩余样品可进行人工单异活体（真菌）培养[若不具备培养条件，可将剩余线虫虫体采用 FG（福尔马林+甘油）双倍固定液固定]，并 4 ℃保存（至少 6 个月），以备复检。

附录A

松材线虫寄主植物
（资料性附录）

松材线虫可寄生的寄主植物属名如下：

a）松属（*Pinus*）植物；

b）雪松属（*Cedrus*）植物；

c）冷杉属（*Abies*）植物；

d）云杉属（*Picea*）植物；

e）落叶松属（*Larix*）植物；

f）黄杉属（*Pseudotsuga*）植物；

g）铁杉属（*Tsuga*）植物。

附录B

贝尔曼漏斗法分离线虫
（资料性附录）

B.1　贝尔曼漏斗法

在直径10 cm～15 cm的漏斗末端接一段长约10 cm的乳胶管后置于漏斗架上，并在乳胶管上装一止水夹。向漏斗内注入清水至漏斗体积的四分之三。注入清水后，乳胶管内不得有气泡。

将送检样本去皮后劈成长3 cm～4 cm，直径2 mm～3 mm的细条，取15 g～20 g置于面巾纸（双层）上，将面巾纸四角向中间盖上分离材料，放入漏斗内。再向漏斗内缓慢注入清水，至浸没分离材料，如图B.1。

分离时，环境温度保持在20 ℃～30 ℃（室内温度达不到上述温度范围，可将分离装置置于20 ℃～30 ℃的培养箱内）。经12 h～24 h后，轻轻打开止水夹，用1.5 mL离心管接取分离液1 mL，自然沉淀30 min或以1500 r/min的转速离心2 min，收集线虫供检测。

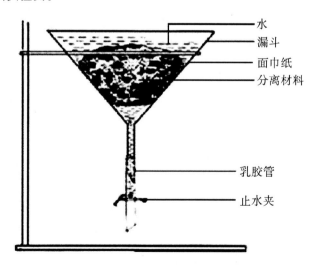

图B.1　贝尔曼漏斗法分离线虫装置图

B.2 化学信息诱引检测管法

B.2.1 寄主植物线虫收集

在寄主植物的南面，用电钻（选取1 cm直径的钻头）垂直向树髓芯钻入，形成深2 cm，直径1 cm的取样孔。钻孔时在钻头附近喷洒水以降钻头操作时引起的高温并增加取样孔内的湿度。将含有化学信息诱引剂的取样管插入取样孔，放置2 h～4 h后拔出，收集线虫供检测鉴定。

B.2.2 寄主植物制品线虫收集

在木材年轮间隔较宽的一面或木制品上，随机选取3～5个点进行打孔，形成深2 cm，直径1 cm的取样孔。将含有化学信息诱引剂的取样管插入取样孔，放置2 h～4 h后拔出，收集线虫供检测鉴定。

B.3 高压水流分离法

将处理好的样品放入松材线虫快速分离器，联通电源开关，样品中的线虫即通过水流压力进入线虫收集器。5～10 min后关闭电源，收集线虫供检测鉴定。

附录C

线虫DNA提取
（资料性附录）

线虫DNA的提取步骤如下：

a）在20 μL的线虫虫悬液中，加入18 μL预冷的线虫裂解液（含2.5 mmol/L DDT，1.125% Tween 20，0.025% Gelatin，2.5倍PCR Buffer）；

b）加入20 μg/mL的Proteinase K液2 μL；

c）65 ℃保温1 h；

d）95 ℃保温10 min；

e）以12000 r/min的转速离心1 min，上清液即含有线虫DNA。取上清液3.5 μL用于分子检测。

附录 D

寄主植物及其制品中线虫 DNA 提取
（资料性附录）

寄主植物及其制品中线虫 DNA 的提取方法如下：

a）取木屑 1 g～2 g 于 50 mL 的离心管内，使木屑集中在离心管底部；

b）加入 6 mL 的线虫裂解液（含 2.5 mmol/L DDT，1.125%Tween 20，0.025% Gelatin，2.5 倍 PCR Buffer），使木屑处于液体浸泡状态；

c）加入 Proteinase K 5 μL；

d）将离心管置于 68 ℃条件下 45 min；

e）然后置于 95 ℃条件下 10 min；

f）取 1.5 mL 离心管，向其中加入 900 μL 无菌双蒸水，然后加入 100 μL 裂解后溶液；

g）以 12000 r/min 的转速离心 3 min，上层液体即为线虫 DNA 扩增模板，于 4 ℃保存或用于扩增。

参考文献

[1] 毕朝位，陈国康.普通植物病理学实验实习指导［M］.重庆：西南师范大学出版社，2017.

[2] 曹建康，姜微波，赵玉梅.果蔬采后生理生化实验指导［M］.北京：中国轻工业出版社，2007.

[3] 曾富华.水稻诱导抗病的生理学与生物化学［M］.北京：中国科学技术出版社，2001.

[4] 程亚樵，刘彩霞，杨云亮.园艺植物病虫害防治技术［M］.北京:中国农业出版社，2013.

[5] 丁爱云.植物保护学实验［M］.北京：高等教育出版社，2004.

[6] 方中达.植病研究方法［M］.3版.北京：中国农业出版社，1998.

[7] 费显伟，黄宏英，李洪波.园艺植物病虫害防治［M］.2版.北京：高等教育出版社，2015.

[8] 费显伟.园艺植物病虫害防治［M］.北京：高等教育出版社，2010.

[9] 贺莉萍，禹娟红，杨声.马铃薯病虫害防控技术［M］.武汉：武汉大学出版社，2015.

[10] 黄云，徐志宏.园艺植物保护学实验实习指导［M］.北京：中国农业出版社，2015.

[11] 嵇保中.林木化学保护学［M］.北京：中国林业出版社，2011.

[12] 姜璐璐.茉莉酸甲酯对葡萄果实常温保鲜效果及其机理研究［D］.南京：南京农业大学，2015.

[13] 蒋桂英，李鲁华.农学专业实践教程［M］.北京：高等教育出版社，2016.

[14] 李玉奇，赵慧君，孙永林.食品生物化学实验［M］.成都：西南交通大学出版社，2018.

[15] 李钟庆.微生物菌种保藏技术［M］.北京：科学出版社，1989.

［16］刘晓晴.生物技术综合实验［M］.北京：科学出版社，2009.

［17］刘晓烨，程国玲，李永峰.环境工程微生物学研究技术与方法［M］.哈尔滨：哈尔滨工业大学出版社，2011.

［18］吕美云，刘紫英，罗莉萍，等.微生物学实验指导［M］.北京：化学工业出版社，2017.

［19］马良进.植物保护实践技术［M］.北京：中国林业出版社，2013.

［20］马淑梅.植物病害研究技术［M］.哈尔滨：黑龙江大学出版社，2018.

［21］盘柳依.茉莉酸甲酯（MeJA）对猕猴桃诱导抗采后软腐病的机理及其保鲜效果的研究［D］.南昌：江西农业大学，2019.

［22］乔亚科，王文颇，蔡瑞国.现代农业生产技术与实践［M］.北京：高等教育出版社，2012.

［23］申海香，银春花，马尚盛.园艺植物病虫害防治［M］.西安：西北工业大学出版社，2015.

［24］孙广宇，宗兆锋.植物病理学实验技术［M］.北京：中国农业出版社，2002.

［25］唐丽杰，马波，刘玉芬.微生物学实验［M］.哈尔滨：哈尔滨工业大学出版社，2005.

［26］王存兴，李光武.植物病理学［M］.北京：化学工业出版社，2010.

［27］王生荣.普通植物病理学实验［M］.北京：北京大学出版社，2013.

［28］许文耀.普通植物病理学实验指导［M］.北京：科学出版社，2006.

［29］许志刚.普通植物病理学实验实习指导［M］.北京：高等教育出版社，2008.

［30］薛高峰.硅提高水稻对白叶枯病抗性的生理与分子机理［D］.北京：中国农业科学院，2009.

［31］闫淑珍，陈双林.微生物学拓展性实验的技术与方法［M］.北京：高等教育出版社，2012.

［32］杨航宇，桑娟萍，王淑荣，等.林木化学保护技术［M］.杨凌：西北农林科技大学出版社，2013.

［33］岳海梅.植物病理学实验及研究技术［M］.北京：中国农业大学出版社，2015.

［34］张铉哲.植物病理学研究技术［M］.北京：北京大学出版社，2015.

［35］张艳菊，戴长春，李永刚.园艺植物保护学与实验［M］.北京：化学工业出版社，2014.

［36］赵显阳.外源茉莉酸甲酯（MeJA）对梨果实抗青霉病及其保鲜作用的研究［D］.南昌：江西农业大学，2020.

［37］郑永华，寇莉萍.食品贮运学实验［M］.北京：中国农业出版社，2014.

［38］GB/T 23477—2009，松材线虫病疫木处理技术规范［S］.

［39］GB/T 28062—2011，柑桔黄龙病菌实时荧光PCR检测方法［S］.

［40］GB/T 28068—2011，柑桔溃疡病菌实时荧光PCR检测方法［S］.

［41］GB/T 29394—2012，柑桔溃疡病菌的检疫检测与鉴定［S］.

［42］GB/T 35272—2017，柑橘溃疡病监测规范［S］.

［43］GB/T 35333—2017，柑橘黄龙病监测规范［S］.

［44］GB/T 35342—2017，松材线虫分子检测鉴定技术规程［S］.

［45］GB/T 36852—2018，亚洲梨火疫病菌检疫鉴定方法［S］.

［46］SN/T 1132—2002，松材线虫检疫鉴定方法［S］.

［47］SN/T 4630—2016，植物病原菌及病害标本采集保存规范［S］.